Maurice Champion

La fin du monde et les comètes

AU POINT DE VUE HISTORIQUE

ET ANECDOTIQUE

Paris

1859

LA FIN DU MONDE

I

C'est un curieux et très intéressant sujet d'études que celui des innombrables prédictions sur la fin du monde, faites tour à tour, à toutes les époques, depuis l'ère chrétienne.

Ce travail, pour être accompli avec le développement qu'il comporte, demanderait un gros volume, de longues et minutieuses recherches, beaucoup d'érudition et de critique. Nous n'avons donc pas la prétention de l'entreprendre ici. Nous voulons seulement grouper quelques faits historiques sur cette question, tant de fois agitée, dans les temps passés, et qui, tout récemment encore, a eu le triste privilège de nous préoccuper nous-mêmes.

Ne se souvient-on plus que l'année dernière, sur la foi d'une hallucination anonyme, venue d'outre-Rhin, cette terre traditionnelle des rêveurs, on s'était ému, et les uns en riant, les autres sérieusement, s'entretenaient du prochain cataclysme ? Le jour était fixé ; le monde devait finir le 13 juin.

Par bonheur, nous avons échappé à la terrible prédiction ; mais cet échec n'empêchera certainement pas la manie prophétique de s'exercer encore sur cette matière, comme elle n'a pas cessé de le faire depuis près de deux mille ans. L'idée, comme on voit, date de trop loin pour disparaître complètement, et, en attendant que les générations à venir apportent leur part de folie dans ce curieux chapitre d'histoire, voyons comment la fin du monde s'est perpétuée à travers les siècles.

II

Les prophéties évangéliques, les textes de l'Écriture sainte et les Pères de l'Église seraient les premiers documents auxquels il faudrait recourir, si l'on voulait traiter d'une manière générale tout ce qui a été dit et écrit sur l'effroyable catastrophe dont le monde entier est destiné à devenir la victime.

Ceci est un point de foi dogmatique et orthodoxe qui a souvent trouvé des commentateurs, les uns croyants, comme Whiston, les autres incrédules, comme l'école philosophique, Voltaire en tête, témoin les *Questions de Zapata*, une des nombreuses diatribes sorties de la plume du grand pontife de l'athéisme contre la religion chrétienne. — Mais l'impiété de Voltaire est passée avec son époque, et les traditions religieuses, demeurées vivaces, se perpétueront jusqu'à la consommation des temps. Nous devons donc croire à un jugement dernier. — N'arrive-t-il pas chaque jour pour chacun de nous, et ne peut-on trouver dans la mort une interprétation des passages mystiques de l'Écriture sainte ?

Pendant les premiers siècles de l'Église, la croyance à la fin du monde, dans un délai plus ou moins rapproché, fut universellement répandue parmi les chrétiens ; mais jamais elle n'inspira autant de terreur que dans le moyen âge, ce temps de foi naïve et de crédulité superstitieuse. — L'an mil, qu'il ne faut pas entendre dans le sens absolu du chiffre, mais comme l'expression d'une longue période en deçà et au delà, était l'époque désignée pour le terme inévitable de l'existence du genre humain, par suite de la venue de l'Antéchrist.

Du onzième au seizième siècle, ce personnage mystique joue un grand rôle dans les superstitions populaires ; il n'est sorte de fable dont il ait été l'objet ; on le fait apparaître sous mille formes différentes ; c'est le symbole du mal, l'image du démon, en lutte perpétuelle avec les principes chrétiens.

Un ermite de la Thuringe, Bernard, fut un des promoteurs les plus actifs de l'immense erreur qui allait remuer profondément les masses et les absorber au point de leur faire tout délaisser pour la prière et la pénitence. Vers 960, il commença à annoncer publiquement que le monde allait finir ; il assurait que Dieu lui en avait fait la révélation. Il prit pour texte de ses prédications ces paroles énigmatiques de l'Apocalypse : « Au bout de mille ans, Satan sortira de sa prison et séduira les peuples qui sont aux quatre angles de la terre. Le livre de la vie sera ouvert : la mer rendra ses morts, chacun sera jugé selon ses œuvres par celui qui est assis sur un grand trône resplendissant, et il y aura un ciel nouveau et une terre nouvelle. » Bernard n'eut pas de peine à faire pénétrer dans toutes les âmes la conviction que le jugement dernier était proche ; il le fixait au jour où l'Annonciation de la Vierge se rencontrerait avec le Vendredi Saint. Cette rencontre eut lieu en 992, et il n'en résulta rien d'extraordinaire ; mais la crainte n'en subsista pas moins. — Elle dura longtemps et se propagea partout.

Abbon de Fleury nous apprend que, jeune homme, il l'avait entendu prêcher en chaire dans une église de Paris. N'étant encore que moine, il écrivit, de concert avec Richard, son abbé, pour faire tomber de pareilles rêveries, — disent les Bénédictins dans leur *Histoire littéraire de la France*, — où nous lisons aussi « que ce fut peut-être pour savoir à quoi s'en tenir que la reine Gerberge, femme de Louis d'Outre-Mer, engagea Abbon à écrire sur l'Antéchrist. Cet abbé satisfit au désir de la reine ; mais, bien loin de donner dans l'erreur populaire, il lui fit voir que le temps de l'Antéchrist était encore fort éloigné. »

Ces tentatives, d'ailleurs assez timides, pour rassurer les esprits, ne dépassaient pas le petit cercle des lettrés, et le peuple gardait la plus vive inquiétude. — On avait dit : « Aussitôt que mille ans seront révolus, à compter de la naissance de Jésus-Christ, l'Antéchrist paraîtra, et le jugement dernier aura lieu. — On attendait donc avec anxiété, au milieu de la peur et des angoisses, le premier jour de cette fatale année. Il s'écoula sans amener la catastrophe tant redoutée, mais sans pour cela faire cesser les appréhensions ; elles continuèrent comme de plus belle.

Un moine de Corbie, Druthmare, avait fixé la destruction au 25 mars, à heure précise, absolument comme s'il s'agissait d'une représentation théâtrale. « L'effroi fut si grand, dit M. Louandre dans un curieux article sur *La Fin du monde*,[1] que le peuple, en bien des villes, quand arriva le terrible quantième,

---

[1] Revue de Paris, année 1842, t. XII, p. 26 et suiv. C'est plutôt une dissertation où la théologie et la philosophie tiennent une large place qu'une notice historique ; mais on peut y

resta jusqu'à minuit dans les églises, afin d'y attendre le signal du jugement dernier et de mourir au pied de la croix. »

Au grand étonnement des fidèles, ce jour se passa sans amener la perturbation attendue ; mais des symptômes alarmants se manifestèrent, et la frayeur loin de diminuer, redoubla. — Ne pouvait-on pas s'être trompé sur le jour, sur l'année même de l'épouvantable cataclysme ?

Le 29 mars de l'an 1000, vers le soir, un immense dragon sortit d'un nuage en répandant partout un éclat effrayant ; ce signe jeta la terreur dans le cœur de ceux qui en furent témoins, dit un auteur contemporain.

Quelques jours plus tard, des armées de feu combattirent dans le ciel, et il y eut une pluie de sang. — On peut lire dans la Chronique de Raoul Glaber[2] la relation d'une foule d'autres prodiges arrivés dans ces temps : la rencontre d'une baleine monstrueuse sur les côtes de l'Océan ; les yeux du Christ versant un ruisseau de larmes dans une abbaye d'Orléans ; l'éruption du Vésuve ; des incendies violents ; des hérésies ; enfin une éclipse de soleil effroyable.

L'an 1010, Jérusalem, la cité sainte, fut occupée par les infidèles ; à cette nouvelle, tout le peuple chrétien se disposa de nouveau à mourir.

Cette ferme croyance amena un bouleversement extrême dans les habitudes journalières de la vie, aussi bien parmi les classes élevées que parmi les classes travailleuses.

Les seigneurs, les possesseurs de fiefs, firent don de leurs biens aux monastères, aux églises ; beaucoup de chartes de donation commencent par ces mots : « *La fin du monde approchant et sa ruine étant imminente...* » Dans plusieurs de ces actes, parvenus jusqu'à nous, et qui remontent même au neuvième siècle, on trouve cette formule : « *Termino mundi appropinquante.* »

---

suivre les phases très bien définies qu'à successivement éprouvées cette croyance à la fin du monde dans les dix premiers siècles de l'Église chrétienne. On y trouve aussi des aperçus intéressants sur cette même idée chez les peuples anciens.

[2] Raoul Glaber est, de toute cette époque, le chroniqueur le plus curieux à consulter ; c'est un peintre de mœurs plutôt qu'un historien, et ses tableaux sont empreints d'une vérité qui nous fait pénétrer dans la vie même de cette société attristée.

Quant aux serfs, seuls cultivateurs de la terre, ils abandonnèrent les champs pour se livrer à la prière. — Il n'est pas douteux que ce fut là une des causes de l'affreuse famine qui désola l'univers chrétien pendant cinq ans. Le récit que nous en a transmis Raoul Glaber fait mal à lire ; le vieux chroniqueur entre dans des détails circonstanciés pleins d'horreur sur la misère du peuple, réduit à dévorer de la chair humaine.

« On fut réduit, sur plusieurs points de la terre, à se nourrir, non seulement d'animaux immondes et de reptiles, mais de la chair même d'hommes, de femmes et d'enfants ; car on n'écoutait que les horribles conseils de la faim, au mépris des attachements les plus saints et même de l'amour paternel. On voyait, dans ces temps d'horreur, des fils, parvenus à la force de l'âge, dévorer leur mère, et les mères, à leur tour, sourdes à la voix du sang, déchirer leurs enfants pour calmer leur faim. »

On pouvait bien, en effet, redouter la fin du monde en présence de cette terrible calamité, et Glaber s'écrie : « Le genre humain fut menacé d'une destruction prochaine. On eût dit que les éléments furieux s'étaient déclarés la guerre, quand ils ne faisaient qu'obéir à la vengeance divine en punissant l'insolence des hommes... On croyait que l'ordre des saisons et les lois des éléments qui jusqu'alors avaient gouverné le monde étaient retombés dans un éternel chaos, et l'on craignait la fin du monde. »

À cette époque, l'opinion générale, dérivée du *chiliasme* de l'Église primitive, était que la terre devait durer six mille ans, chacun des jours de la création correspondant à un cycle de dix siècles, et Raoul Glaber se fait l'interprète de cette croyance lorsqu'il dit : « De même que le Créateur a consacré six jours à achever les ressorts de la machine du monde, et s'est reposé le septième, après avoir accompli son ouvrage, de même aussi il a opéré pendant six mille ans des miracles pour instruire la race humaine par leur fréquente apparition ; car, de tous les âges précédents, aucun n'avait manqué d'annoncer, par des signes miraculeux, l'éternelle Providence, jusqu'au temps où le souverain principe des choses a revêtu l'humanité pour apparaître au monde, c'est-à-dire jusqu'au sixième âge, qui est le siècle présent : car on pense que, dans le septième, la machine du monde verra finir aussi ses travaux, sans doute afin que tout ce qui a reçu l'être trouve alors son repos et sa fin dans celui qui lui donne l'existence. » Ces derniers termes, assez ambigus, correspondent, d'après d'autres écrivains ecclésiastiques, au septième millénaire, qu'ils nomment le *millénaire du sabbat*, afin que le monde pût se reposer avant de mourir, comme Dieu s'était reposé après avoir créé.

La frayeur qui s'empara de la société, à la pensée du jugement dernier, eut pour effet de donner un grand essor au mouvement religieux. « O mort ! s'écriait un poète contemporain, Thibault de Mailly, tu fais grand bien par ta menace ; tu épures l'âme comme un tamis épure le grain, et tu ramènes à la pratique des vertus chrétiennes les gens qui ne pensent à Dieu que lorsqu'il tonne. »

C'est à cette frayeur que l'on doit la construction de ces magnifiques cathédrales qui ont traversé les âges et fait l'admiration des siècles. Celles de Chartres, de Senlis, de Tours, d'Orléans, et un grand nombre d'autres non moins célèbres, datent du règne du roi Robert, c'est-à-dire du commencement du onzième siècle. Le passage suivant de Raoul Glaber est un témoignage authentique de cette pieuse tendance à la réédification des monuments consacrés au Seigneur.

« Après l'an mil, dit-il, les basiliques des églises furent renouvelées dans presque tout l'univers, surtout dans l'Italie et dans les Gaules, quoique la plupart fussent encore assez belles pour ne point exiger de réparations. Mais les peuples chrétiens semblaient rivaliser entre eux de magnificence pour élever des églises plus élégantes les unes que les autres. On eût dit que le monde entier, d'un même accord, avait secoué les haillons de son antiquité pour revêtir la robe blanche des églises. Les fidèles ne se contentèrent pas de reconstruire presque toutes les églises épiscopales, ils embellirent aussi presque tous les monastères dédiés à différents saints et jusqu'aux chapelles des villages. »

Cet élan général, portant les peuples de la chrétienté à s'unir dans une œuvre commune de régénération monumentale des édifices religieux, fut sans doute un acte de reconnaissance envers Dieu, qui avait daigné suspendre l'arrêt de sa colère ; mais ne fut-il pas aussi une invocation pour le fléchir et détourner son bras prêt à frapper ? car les craintes qui avaient si vivement ému les esprits ne disparurent pas tout d'un coup, une fois le danger passé ; on resta encore longtemps sous l'impression produite par ces terribles menaces. — Ce ne fut guère que dans la seconde moitié du onzième siècle que la terreur se dissipa, mais pour reparaître souvent dans la suite, soit que la fin du monde fût annoncée d'après les Écritures, soit qu'elle fût prédite par des causes toutes physiques, dont les mouvements célestes étaient le pronostic infaillible.

III

Il faut remonter au douzième siècle pour trouver l'origine des prédictions astrologiques sur l'imminent cataclysme du globe, s'abimant dans une confusion générale, pour retomber au milieu du chaos, dont Ovide nous a laissé une description devenue classique.

En 1186, les astrologues effrayèrent l'Europe en annonçant une conjonction de toutes les planètes,[3] laquelle devait causer des ravages extraordinaires et même la fin du monde. Rigord, écrivain contemporain, dit dans la *Vie de Philippe-Auguste* : « Les astrologues d'Orient, juifs, sarrasins et même chrétiens, envoyèrent par tout l'univers des lettres où ils prédisaient avec assurance pour le mois de septembre de grandes tempêtes, tremblements de terre, mortalité sur les hommes, séditions et discordes, révolutions dans les royaumes, et autres fléaux pareils. Mais, ajoute-t-il, l'événement ne tarda pas à démentir leurs prédiction. »

---

[3] Lalande, qui, dans la préface de son *Tracé d'astronomie,* avait parlé de cette conjonction des planètes en 1186, voulut plus tard vérifier si ce phénomène rare et singulier avait eu effectivement lieu cette année-la. Voici ce qu'il dit à ce sujet dans une note publiée au *Moniteur* du 1er vendémiaire au X : « Flaugergues, associé de l'Institut, a bien voulu se charger de faire les calculs : il a trouvé qu'en effet, le 15 septembre 1186, toutes les planètes étaient comprises entre 6 signes et 6 signes 10 degrés de longitude. Ce n'est pas précisément une conjonction, mais peut-être faudrait-il bien des milliers d'années pour qu'il y en eût une aussi rapprochée. »

Pour donner une idée du style prophétique des astrologues, nous citerons le passage suivant de ces lettres :

« Dieu sait, et les calculs des nombres prouvent qu'en l'année du Seigneur 1186, selon les Arabes 582, les planètes supérieures et inférieures se rencontreront au mois de septembre dans la Balance. La même année, cette conjonction générale sera précédée d'une éclipse de soleil partielle et de couleur de feu, le 21 avril, à une heure de nuit, avant l'heure de Mercure. Cette année donc, les planètes se rencontrant dans la constellation orageuse de la Balance avec la queue du Dragon, il y aura un tremblement de terre mémorable, surtout dans les pays qui y sont sujets ; il renversera les contrées ordinairement ébranlées par de pareilles secousses et accoutumées à ce fléau. — Il s'élèvera de l'Occident un vent fort et violent qui obscurcira le jour et infectera l'air par des miasmes impurs. Aussi la mortalité et la maladie attaqueront beaucoup de monde. On entendra dans l'air un fracas horrible et des voix qui porteront l'épouvante dans tous les cœurs. Le vent soulèvera sur la surface de la terre le sable et la poussière, dont il ira couvrir les villes situées en plaine, surtout dans les pays arides situés sous le cinquième climat. La Mecque, Balsara (Bassora), Baldach (Bagdad) et Babylone seront détruites de fond en comble, sans qu'il reste un coin de terre qui ne soit enseveli sous la poussière et sous les sables. L'Égypte et l'Éthiopie deviendront inhabitables, et ce fléau étendra ses ravages de l'Occident à l'Orient. »

Certes, de semblables prédictions, faites avec un langage d'autorité aussi absolu, devaient fortement impressionner l'esprit crédule et superstitieux des peuples, à ce temps d'ignorance on la science astronomique était dans les ténèbres, et l'on s'explique comment de telles prophéties avaient pu être prises au sérieux et inquiéter la société.

Guillaume le Breton, en parlant de la même prédiction, l'accompagne de cette judicieuse remarque : « À la lettre, elle fut fausse, mais on peut l'entendre dans un sens caché de la persécution de Saladin, qui dans ce temps détruisit tous les chrétiens de l'Église d'Orient, s'empara de la sainte cité de Jérusalem et de toutes les autres villes, à l'exception de Tyr, de Tripoli, d'Antioche, et de quelques châteaux très bien fortifiés qu'il ne put jamais prendre. » — Ceci montre comment la crédulité des chroniqueurs trouvait toujours moyen de donner une interprétation quelconque à ces sortes de prédictions et de les appliquer aux événements.

D'après un historien byzantin, Nicétas Choniate, qui écrivait à la fin du douzième siècle, cette crainte de la fin du monde, ou tout au moins d'un bouleversement effroyable, était également très répandue alors dans l'empire d'Orient. Il dit, en parlant de l'empereur Manuel Comnène : « Ce prince était entouré d'exécrables imposteurs qui le menaçaient de tourbillons, de tempêtes et d'un renversement total du monde, et, non contents de prédire l'année, le mois ou la semaine, ils marquaient les heures et les moments que le Père a réservés à sa puissance. Aussi, non seulement l'empereur fit préparer des cavernes pour se mettre à couvert, mais ses parents et les flatteurs de la cour creusèrent la terre comme des fourmis pour s'y cacher. » — Cette faiblesse, qui fait sourire aujourd'hui, n'a pas empêché ce prince d'être regardé comme un des plus grands monarques de son siècle.

Quelques années ensuite, en 1198, on fit encore courir le bruit de la fin du monde, et cette fois ce n'était pas par des phénomènes célestes qu'elle devait arriver ; « on proclamait, dit Rigord, la naissance de l'Antéchrist à Babylone, et par conséquent la destruction du genre humain. »

IV

Au commencement du quatorzième siècle, un savant médecin et alchimiste, Arnauld de Villeneuve, mort en 1314, l'annonça pour 1335 : Il encourut la censure ecclésiastique à cause de cette prédiction et de quelques autres propositions touchant au dogme catholique.

Sous Charles VI, en 1406, une éclipse de soleil, arrivée le 16 juin, fut l'objet d'une panique que Juvénal des Ursins a consignée en termes qui prouvent combien ce phénomène naturel impressionnait encore la foule.

« C'était grande pitié de voir le peuple se retirer dans les églises, et croyait-on que le monde dût faillir. » — Nous rapportons ce fait entre mille du même genre, que l'on rencontre à chaque pas, dans les annales du moyen âge, de la Renaissance et même au delà, pour montrer à quel point les terreurs populaires étaient faciles à surgir ; au moindre signe apparent dont le ciel offrait l'aspect, l'alarme s'emparait des imaginations, et les comètes, dont on parle tant aujourd'hui, n'étaient pas, comme on le verra plus loin, une des plus petites causes de l'épouvante publique.

Saint Vincent Ferrier, fameux prédicateur espagnol, dont l'éloquence agita profondément, non seulement son pays, mais encore l'Italie, l'Allemagne et la France, où il prêcha l'Évangile à la fin du quatorzième siècle, prophétisa aussi sur la fin du monde, mais en lui assignant toutefois une réalisation bien éloignée. — Cette excursion dans le domaine de l'avenir ne s'opposa cependant pas à ce qu'il fût canonisé. — On trouve parmi ses œuvres, imprimées à Valence en 1491, un traité intitulé : *De la fin du monde et de la science spirituelle.* — Saint Vincent donne au monde autant d'années de durée qu'il y a de versets dans le psautier, 2,537 environ. D'après le saint apôtre, nous aurions donc encore devant nous, en prenant pour base de son calcul la naissance de Jésus-Christ, comme il l'entendait, un nombre de siècles suffisant pour que la génération actuelle, sans parler de celles qui lui succéderont, n'ait pas à se préoccuper de la terrible prédiction de ce saint Vincent.

Au quinzième siècle, le savant Jean Nanni ou Annius de Viterbe, dans son livre *De futuris christianorum triumphis in Turcos et Saracenos* (Gênes, 1480), annonça, par l'interprétation de l'Apocalypse, que, Mahomet étant l'Antéchrist, la fin du monde aurait lieu quand le peuple des saints, c'est-à-dire les chrétiens, aurait soumis les Juifs et les Turcs. Cette victoire ne lui paraissait pas éloignée. — La défaite de ces sectes toutes-puissantes n'étant pas encore accomplie, au mépris de la prévision du docte frère prêcheur, mort en 1502, dans la charge de maître du sacré palais à la cour de Rome, nous sommes encore sous le coup de cette prédiction. — Faisons donc des vœux pour que le

Coran ne soit jamais déchiré et que Jéhovah continue de resplendir sur son trône d'or, à la plus grande gloire des enfante d'Israël.

V

Le seizième siècle est peut-être l'époque où les prédictions sur la destruction du genre humain se sont produites le plus souvent. — C'était le beau temps de l'astrologie judiciaire ; la protection des princes et des grands lui était acquise ; la moindre maison de noblesse comptait un astrologue, comme un chapelain, parmi ses gens. Marie de Médicis appela des astrologues de toutes les parties du mondes et en remplit la cour de France. Chaque dame avait son devin, qu'elle nommait *son baron* et qu'elle ne manquait jamais de consulter dans les occasions importantes.

Les pronostics, les horoscopes, étaient fort à la mode ; les savants, qui faisaient métier du grimoire, des nombres cabalistiques, s'évertuaient à lire dans les astres, à rechercher l'avenir dans l'observation des choses célestes. On ne peut se faire une idée des folies et des divagations auxquelles donnèrent lieu les sentences astrologiques, aussi ridicules qu'absurdes, des faiseurs d'almanachs, dont la verve prophétique s'exerçait sur toutes choses, depuis les viciations de la température jusqu'aux révolutions terrestres du globe entier. — N'est-ce pas de ce seizième siècle, si fécond en impostures divinatoires, que datent les Nostradamus et les Matthieu Laensberg, relégués à bon droit aujourd'hui dans le domaine des erreurs et des préjugés de l'esprit humain ?

Rabelais, avec son esprit satirique, s'est amusé de ce travers de son temps ; il s'intitulait par dérision *professeur d'astrologie*, et il avait lui-même composé plusieurs almanachs pour rire, malheureusement perdus, où il tournait en raillerie les pronostics astrologiques.[4] Sa *Pantagruélisme prognostication* est une

---

[4] M. Paul Lacroix, ou si l'on veut le bibliophile Jacob, dans sa récente édition des *Œuvres de Rabelais,* a inséré deux fragments qu'il est parvenu à retrouver des Almanachs du joyeux

plaisante moquerie de toutes ces sottises. — On a beaucoup imité, de nos jours, le genre de cette pièce dans les prédictions facétieuses de nos petits almanachs. — Il faut reconnaître que le célèbre curé tourangeau avait grandement raison ; il faisait preuve de bon sens et d'une judicieuse critique en riant aux dépens de cette folle manie astrologique, dont le trait suivant est une des plus curieuses mystifications.

Stoffler, astrologue allemand, qui jouissait d'une grande réputation, annonça, pour le 20 février 1524, un déluge universel par suite de la conjonction des planètes. — À cette nouvelle, tous les peuples furent consternés, et l'on s'attendit à une fin prochaine. « Toutes les provinces des Gaules, dit Jean Bouchet, dans ses *Annales d'Aquitaine*, furent en une merveilleuse crainte et doute d'universelle inondation d'eau, telle que nos pères n'avoient vu, ni su par les historiens, ni autrement. Au moyen de quoi hommes et femmes furent en grand doute. Et plusieurs délogèrent de leurs basses demeurances, cherchèrent haut, lieux, firent provisions de farines et autres cas, et se firent processions et oraisons générales et publiques, à ce qu'il plût à Dieu avoir pitié de son peuple. »

Cette panique se répandit dans toutes les contrées de l'Europe, au nord comme au midi ; elle pénétra fortement en France, en Allemagne, en Italie. Ceux qui avaient leurs maisons proches de la mer ou des rivières les abandonnaient, et vendaient à grosse perte à des gens moins crédules qu'eux sans doute leurs champs et leurs meubles.— Naudé, dans son *Jugement sur Aug. Nifo*, s'est longuement étendu sur cette prédiction de Stoffler ; il donne de curieux détails que nous ne faisons que résumer.

Un docteur de Toulouse, nommé Auriol, à l'exemple de Noé, fit construire un bateau pour servir d'arche, à lui, à sa famille et à ses amis. Il ne fut pas le seul qui prît cette précaution, car Bodin, qui nous rapporte ce fait, ajoute « qu'il se trouva plusieurs mécréants qui firent des arches pour se sauver,

---

écrivain pour les années 1533 et 1535. Ils font regretter que ces productions, empreintes du plus pur esprit rabelaisien, ne soient pas arrivées jusqu'à nous.

quoiqu'on leur prêchât la promesse de Dieu et son serment de ne plus faire périr les hommes par le déluge. »

Toutefois, — il faut le dire à l'honneur de l'intelligence humaine, — Stoffler rencontra quelques contradicteurs parmi les savants ; les uns timides, il est vrai, comme Cirvellus, professeur en théologie à Complute, qui publia un livre sur ce sujet ; sans condamner, en général, les précautions que l'on prenait contre le déluge, « il se contentait de condamner en particulier, dit le philosophe Bayle (*Dictionnaire historique et critique*, art. *Stoffler*), les fausses dépenses à quoi il voyait que l'on s'engageait ; il ouvrit des expédients de se garantir de l'inondation à juste prix. » — Bayle s'élève avec énergie contre les impostures des astrologues et dévoile leurs supercheries en s'appuyant sur les faits. Il reproduit une grande partie du texte de Naudé en le commentant.

D'autres savants, plus hardis, Nifo en tête, combattirent hautement cette prophétie. Le livre de ce dernier, *De balsa dituvii prognosticatione*, publié à Naples, Bologne et Rome, en 1519, 1520 et 1521, fut destiné à rassurer les esprits. — Un autre philosophe prouva au duc d'Urbin, dans un écrit imprimé, que ce déluge était mal fondé.

Le grand chancelier de Charles-Quint ayant consulté Pierre Martyr, celui-ci lui répondit « que le mal ne serait pas aussi funeste qu'on le craignait, mais que, sans doute ces conjonctions des planètes produiraient beaucoup de désordres. » — Guy Rangon, général à Florence, craignant que les arguments présentés par Nifo ne rassurassent Charles-Quint et ne lui fissent négliger les précautions nécessaires pour se prémunir du danger, engagea un célèbre médecin à combattre l'opinion de Nifo, afin d'obliger l'empereur à pourvoir à sa sûreté et à nommer des inspecteurs qui visiteraient le terrain dans les provinces et marqueraient les endroits où les hommes et les bêtes seraient moins exposés aux eaux du déluge. — Il y eut d'autres écrivains qui imitèrent ce médecin.

Comme on le voit, cette question si peu sérieuse donna lieu très sérieusement à bien des controverses ; elle occupa l'attention du monde pendant plusieurs années, et, lorsque le jour fatal arriva, l'épouvante était à son comble. — Mais, pour donner un démenti éclatant à cette imposture astrologique, ce jour se passa sans pluie et sans le moindre bouleversement terrestre ; de plus, le mois de février fut fort sec, contre l'ordinaire, et la température très sereine.

VI

Quelques années après, et malgré le fiasco complet de celle-ci, une autre fin du monde eut encore cours ; elle appartenait au genre merveilleux, tant goûté à cette époque. — Le docte Simon Goulart, dont la crédulité dépasse toute borne, n'a pas manqué de l'enregistrer dans son *Trésor d'histoires admirables* (édit. de Genève, 1614, p. 52).

« Le grand commandeur de Malte fit publier, l'an 1532, par toute l'Europe, une apparition merveilleuse avenue en Assyrie. Environ le septième jour de mars, une femme nommée Rachiene accoucha d'un beau fils qui avait les yeux étincelants et les dents luisantes. Au même instant qu'il naquit, le ciel et la terre furent étrangement émus ; le soleil apparut luisant à minuit comme en plein midi, et en plein jour devint si ténébreux, que depuis le matin au soir l'on ne vit goutte en tout ce pays-là. Puis après il se montra, mais d'autre figure que de coutume, avec diverses étoiles nouvelles, errantes çà et là au ciel. Sur la maison en laquelle naquit cet enfant, outre quelques autres prodiges, tomba le feu du ciel, qui tua des personnes. Après l'éclipse de soleil, survint une horrible tempête en l'air ; puis il tomba des perles du ciel. Le lendemain on vit voler un dragon enflammé par tout ce climat. Une nouvelle montagne, plus haute que nulle autre apparut, laquelle se fendit en deux parts, et au milieu d'icelle fut trouvée une colonne, où était certaine écriture en grec, portant QUE LA FIN DU MONDE APPROCHAIT, *puis fut ouïe une voix en l'air exhortant chacun à se préparer.* »

Comme on serait sans doute curieux de savoir ce que devint cet enfant phénoménal, nous ne pouvons nous dispenser de donner le dénouement de l'histoire. — « L'enfant, ayant vécu deux mois, commence à parler en homme d'âge et par diverses illusions se met en crédit, jusque-là qu'il fut révéré et adoré comme Dieu, se découvrant être un malin esprit qui eût une merveilleuse efficace d'erreur en tous ces pays-la. » — On peut se convaincre d'après ce récit que le *canard* est loin d'être une invention moderne.

<h1 style="text-align:center">VII</h1>

Passons maintenant à d'autres fins du monde, dignes pendants de celles de Stoffler et du grand commandeur de Malte.

Annoncée pour l'année 1532 par l'astrologue de l'électeur de Brandebourg, Jean Carion, pronostiqueur infatigable, elle fut en, suite prédite pour 1584 par Cyprien Leowitz ou Leovitius, fameux astrologue, originaire de Bohême, mathématicien au service de l'électeur palatin, qui avait acquis une réputation très étendue par ses prédictions. Il avait dit que le monde finirait par un nouveau déluge, et, cette fois encore, le peuple accepta cette prophétie avec une crédulité qui s'étendit jusqu'aux personnes d'une condition élevée. Louis Guyon, dans ses *Diverses Leçons* (Lyon, 1604), rapporte « que la frayeur fut grande, que les églises ne pouvaient pas contenir ceux qui y cherchaient un refuge ; un grand nombre faisaient leur testament sans réfléchir que c'était une chose inutile si tout le monde devait périr ; d'autres donnaient leurs biens aux ecclésiastiques, dans l'espoir que leurs prières retarderaient le jour du jugement. » — Leowitz, mort en 1574, ne vit pas le terme qu'il avait assigné à la destruction du globe. — C'était encore par la conjonction des planètes que devait avoir lieu ce cataclysme. Leowitz l'avait annoncé dans l'ouvrage suivant, qui fit une grande sensation et eut plusieurs éditions : *De conjunctionibus magnis insigniorum superiorum planetarum, solis defectionibus et cometis prognosticon*, 1564, in-4.[5]

---

[5] D'autres écrits de ce temps révèlent cette tendance des esprits à la croyance de la fin du monde. Voici les titres de quelques-uns — *La période, c'est-à-dire la fin du monde contenant la*

Péréfixe, dans son *Histoire de Henri le Grand*, dit, en parlant de l'année 1588, « que tous les astrologues judiciaires l'avaient, dans leurs pronostics, appelée la merveilleuse année, parce qu'ils y prévoyaient si grand nombre d'accidents étrangers et tant de confusions dans les causes naturelles, qu'ils avaient assuré que, si elle ne voyait la fin du monde, elle en verrait au moins un changement universel. »

Les *Mémoires* de Claude Groulart, premier président du parlement de Normandie, et Palma Cayet, dans sa *Chronologie novénaire*, parlent en termes empreints d'une certaine confiance de cette prédiction pour l'an 1588. — De Thou et Étienne Pasquier constatent la fermentation générale qu'elle produisit.

Cette prophétie se trouve formulée dans des vers latins ainsi conçus :

> Post mille expletos à partu Virginis annos,
> Et post quingenta rursùs ab inde datos,
> Octuagesimus octavus mirabilis annus
> Ingruet, et secum tristia fata feret.
> Si non hoc anno lotus malus occidet orbis,
> Si non in nihilum terra fretumque ruet,
> Cuncta tamen mundi sursùm ihunt arque deorsùm.
> Imperia, et luctus undique grandis erit.

En voici la traduction : « Mille cinq cents ans après la conception de la Vierge, la quatre-vingt-huitième année, sera signe de dissension ; elle amènera avec elle de tristes destinées. Si le monde pervers ne périt pas en entier cette année-là, si la terre et les mers ne sont pas anéanties, toutefois les empires seront bouleversés, et il y aura partout une grande désolation.

Ces vers furent publiés par Gaspard Brusch, poète et historien allemand, mort en 1559, avec son poème d'*Odæporicon*, imprimé à la suite de l'édition qu'il donna du livre de l'abbé Engelbert, *De ortu et fine imperii romani* (Bâle,

---

disposition des choses terrestres par la vertu et influence des corps célestes, composé par feu Maître Turrel. 2 septembre 1531. In-12. — *Le livre de l'État et mutation des temps, prouvant par autorité de l'Écriture sainte et par raisons astrologales la fin du monde être prochaine* (par Richard Roussa, chanoine de Langres). Lyon, 1550.

1553, in-8°), dans lequel, par parenthèse, cet auteur théologien, qui écrivait au commencement du quatorzième siècle, prétendait aussi que la fin du monde devait suivre de près celle de l'empire romain.

Plus tard, au dix-huitième siècle, cette prédiction, pour 1588, fut l'objet d'une supercherie dont les crédules adeptes de l'art divinatoire furent longtemps dupes. Le *Mercure de France*, et l'*Année littéraire* de Fréron, après lui, exhumant des limbes où ils se trouvaient les vers latins qu'on vient de lire, en appliquèrent le sens à l'année 1788, en leur faisant subir une variante ; on substitua le mot *septingentos* à celui de *quingenta*. De cette façon, on dévoilait l'avenir, qui, hélas ! par un rapprochement bizarre, devait donner un certain caractère de vérité à cette poésie prophétique.

Ainsi falsifiée, on l'avait attribuée à Jean Muller, astronome allemand, connu sous le nom de Regiomontanus ; on l'avait dite trouvée dans son tombeau, à Liska, en Hongrie. Ce savant étant mort à Rome, en 1476, on en conclut qu'elle pouvait bien être apocryphe ; la découverte de l'*Odæporicon* vint changer ce soupçon en certitude et prouver que cette prédiction sur la révolution française était, comme tant d'autres, une véritable mystification.

VIII

À mesure que nous avançons vers la grande ère de lumière qui commence avec le dix-septième siècle, on pourrait croire que les progrès des connaissances humaines, dans les sciences, les lettres, les arts, vont enfin mettre un frein à cette monomanie prophétique que nous avons vue jusqu'ici s'exercer à propos de la fin du monde. Eh bien, tout au contraire ; elle continue à se produire, à s'accroître même, et ce qui est plus triste, à exciter encore les craintes populaires.

« L'an 1599, dit le chanoine Moreau (*Histoire de ce qui s'est passé en Bretagne pendant les guerres de la Ligue*, p. 547), il courut un grand bruit qui, en peu de temps, s'épandit d'une merveilleuse vitesse par toute l'Europe, que l'Antéchrist était né en Babylone. Ces nouvelles vinrent d'Italie et d'Allemagne, passant jusqu'en Espagne, en Angleterre et tous les autres royaumes d'Occident, ce qui troubla beaucoup les peuples même les plus avisés. L'on croyait, pour lors, le jugement être proche. Chacun était ainsi ému. Le bruit alla si avant, qu'il fallut que le roi Henri IV, par édit exprès, fit défense d'en parler. » — D'après cette allégation, on doit supposer que la peur fut grande.

Quelques années ensuite, c'était la destruction de Paris qu'on annonçait, sous la date du 29 mai 1606. Pierre de l'Estoile, dans son *Journal,* nous l'apprend en ces termes : « Courut bruit que la ville devait abîmer la nuit suivante. On disait que le pape en avait eu une révélation, et autres fariboles dont on repaissait le peuple, envers lequel toutefois cette fadaise trouva tant de croyance, que beaucoup des plus simples et crédules sortirent de la ville et des faux-bourgs. » — En voyant la crédulité publique si prompte à s'alarmer, comment s'étonner que la fin du monde, bien autrement redoutable, puisqu'on ne pouvait pas se mettre à l'abri en déménageant, ait été à cette époque un sujet de terreur ?

Une liste curieuse à dresser serait celle de toutes les années auxquelles on a fait naître l'Antéchrist ; on les compterait par centaines, sans parler des dates fixées, dans l'avenir, pour l'accomplissement de ce grand événement précurseur du dernier jour du monde. — Un fait avéré, et qui donne un démenti formel aux prédictions que l'imagination inquiète ou orgueilleuse de certains hommes s'est plu à formuler sur ce grand mystère de foi religieuse, c'est que l'Antéchrist, ce messager de notre ruine, est encore à se manifester.

Puissent les prophéties dont les temps ne sont pas encore venus, — et nous le souhaitons pour nos descendants, — n'être pas plus vraies que celles maintenant révolues, et qui n'ont laissé trace que dans la poussière des bibliothèques ! — Nous en exhumerons quelques-unes à titre de renseignement et d'enseignement, car les choses passées sont le meilleur guide pour les choses présentes et futures.

Voici par exemple un écrit sous ce titre : « *Avertissement à tous chrétiens sur le grand et épouvantable avènement de l'Antéchrist et fin du monde*, par le sieur V..., imprimé en 1618. On y lit : « La nativité de l'Antéchrist se trouve en l'an vingt et six de ce siècle ; le commencement de son règne universel en l'an cinquante-six, sa chute et de son empire en l'an soixante, et la fin du monde en l'an soixante six. » — On ne peut pas être plus explicite ; sachons gré au prophète V... de s'être exprimé aussi clairement ; éloge que ne méritent pas beaucoup de ses confrères.

D'un autre côté, en 1623, on publiait : *Attestation de la nativité de l'Antéchrist par les chevaliers de Malte*. — Il paraît que cet ordre chevaleresque avait le monopole d'avertir le genre humain de sa destruction. — Nous parlerons en leur temps de quelques autres ouvrages du même genre,[6] dont notre siècle, pas plus que ses devanciers, n'a été exempt.

Changeons le tableau et passons à une fin du monde d'une autre nature.

IX

À propos d'une éclipse de soleil annoncée pour le 12 août 1654, un certain Andreas, se qualifiant mathématicien de Padoue et de Prague, avec une attestation de la chancellerie de Memmingen, fit paraître un opuscule en allemand et en français, dans lequel il avançait, parmi plusieurs autres, ces deux propositions étranges : « Que la queue du Dragon se joindra avec Saturne, ce qui n'était point arrivé que deux années avant le déluge et que le monde finira pour lors ou deux ans après. »

Pierre Petit, savant ingénieur, intendant des fortifications, réfuta cette singulière prédiction, qui trouvait de nombreux adeptes ; il le fit dans une lettre imprimée, intitulée : *Raisonnements contre les pronostiques de l'éclipse du*

---

[6] Ne vient-on pas de publier tout récemment : *Interprétation de l'Apocalypse expliquant les sept âges de l'Église catholique, les événements de notre époque, le règne de l'Antéchrist et les grandes scènes de la fin du monde, par le vénérable serviteur de Dieu* Barthelemy Houzauser, mort le 20 mai 1658. Ouvrage traduit du latin et continué par le chanoine de Wuilleret.

soleil. — Il lui fut facile d'en démontrer toute l'absurdité. Il s'exprimait en ces termes : » La nonchalance, pour ne pas dire la stupidité de la plupart du monde, est si grande, que ceux-là mêmes qui font profession d'être relevés en science par-dessus les autres, comme ils le sont en dignité, s'émeuvent et s'étonnent autant de l'éclipse prochaine comme s'ils n'en avaient jamais ouï parler, ou qu'il y eût quelque chose de particulier ou d'extraordinaire en celle-ci, qui ne fût jamais arrivé. Jusque-là qu'on a donné cours et créance non seulement dans Paris, mais dans les provinces, a certains écrits et prophéties imaginaires touchant les significations et les grandes et épouvantables choses qui s'ensuivront de cette éclipse, dont la plupart des âmes simples et crédules se sont effrayées, comme si la fin du monde devait arriver. Et ceux qui se contentent, pour l'appréhension de leur santé, de se vouloir seulement enfermer dans des caves ou chambres bien closes, avec des feux et des parfums pour ne participer point aux mauvaises influences qu'ils craignent, fondés, à ce qu'ils disent, sur l'avis de quelques médecins, croient être d'un ordre bien plus relevé, et ne pensent pas pour cela donner aucune atteinte à la force de leur esprit et à leur capacité. Mais contre les uns et les autres on pourrait bien faire un poème instructif et sérieux. »

Puis il faisait cette remarque judicieuse, sous forme de trait d'esprit : « Ce fat d'André disant déterminément que le monde finira dans deux ans au plus tard, *incontinent* après il assure que *toutes les puissances seront anéanties,* et *tomberont entre les mains des Turcs,* c'est-à-dire après la fin du monde et quand il n'y aura plus ni bêtes ni gens. Plût à Dieu qu'il fût la dernière et le dernier fou de l'astrologie. »

« J'écris au peuple de Paris sur l'éclipse, disait-il encore, et l'assure, foi de philosophe, qu'il ne lui en arrivera pas plus de mal que d'un grand nombre d'autres qui l'ont précédée. » — Le peuple avait, en effet, bien besoin d'être rassuré, si l'on en juge par quelques autres passages où Pierre Petit le montre, « consterné de peur, jusqu'à croire la fin du monde et à se préparer à la mort. » Il cite même une naïveté assez plaisante d'un curé de campagne, qui, ne pouvant suffire à confesser tous ses paroissiens, ne trouva rien de mieux à leur dire au prône « *qu'ils ne se pressassent pas tant, que l'éclipse était remise à quinzaine.* »

X

La prédiction d'Andreas ne fut pas la seule qui eût cours dans le dix-septième siècle ; et le siècle suivant ne fut pas non plus exempt de ces aberrations. Nous trouvons la fin du monde annoncée par un cordelier allemand, Jean Hilten, qui la fixait en 1651, et par le savant Suédois Bure. Celui-ci, homme très instruit d'ailleurs, mais adonné aux rêveries cabalistiques, ne se contenta pas d'assurer que le premier terme de la fin du monde arriverait le 5 mai 1647, et le dernier en 1674, mais il se montra tellement pénétré lui-même de cette idée, sa conviction fut si profonde, qu'il abandonna tous ses biens aux pauvres. — Le monde ayant continué de subsister sans encombre, au mépris de cette belle prophétie, il n'en fut pas de même du malheureux prophète, qui se trouva dénué de ressources ; la reine Christine dut venir à son secours pour l'aider à terminer ses jours à l'abri de la misère. Il ne mourut qu'en 1652, âgé de quatre-vingt-quatre ans, et peut-être avec la pensée que le monde ne dépasserait pas la limite d'existence qu'il lui avait marquée.

Paul Felgenhauer, qui inonda l'Allemagne d'une foule d'écrits empreints d'idées mystiques et incohérentes, avait publié, en 1620, une *Chronologie ou efficacité des années du monde,* où, bouleversant tous les calculs, il disait « que le monde était de 235 ans plus vieux qu'on ne le croyait communément ; que Jésus-Christ était né l'an 1235 de la création ; qu'il voyait de grands mystères dans ce nombre, parce que le double septénaire y était contenu ; or, le monde ne pouvant pas subsister plus de 6,000 ans, il n'avait plus à compter que sur une durée de 145 ans ; » cette période même devant être diminuée à cause des élus, il annonçait « le jugement dernier être proche. » Enfin il proclamait « que Dieu lui en avait révélé l'époque, dont il se réservait exclusivement la connaissance. » — C'était donc d'après ce calcul, en 1765, au plus tard, que le monde devait périr.

Guillaume Whiston ; mathématicien et théologien anglais, rendu célèbre autant par ses erreurs que par son savoir, qui était immense, né en 1667 et mort en 1752, érigea également tout un système sur l'anéantissement du globe. Dans sa *Théorie de la terre depuis la création jusqu'à la consommation de toutes choses* (1696), il traite de la destruction du monde, où les comètes jouent un grand rôle ; mais la conflagration générale dont il menace notre planète n'est pas à redouter pour nous, car, en commentant l'Apocalypse, il avait conclu que Jésus-Christ reviendrait sur la terre vers 4745 ou 1716 pour convertir les juifs et commencer un règne de mille ans qui clorait l'existence du monde.

Puisque nous venons de prononcer ce fameux mot de comète, rappelons une circonstance historique, qui ne manque pas d'analogie avec la situation dans laquelle on s'est trouvé, il y a un an, par rapport à ces astres accusés de tous les méfaits possibles, et qui pourtant n'ont jamais provoque la plus petite perturbation atmosphérique. — En 1773, Lalande ayant annoncé la lecture d'un mémoire à l'académie des sciences, sur les comètes qui pouvaient en s'approchant de la terre y causer des révolutions, Paris et toute la France frémirent de la supposition, et se crurent à la veille d'être pulvérisés, ce qui est constaté dans les mémoires du temps. — Nous nous y arrêterons plus longuement lorsque nous traiterons spécialement des comètes. — Qu'il nous suffise de remarquer que ceci doit paraître tout naturel, puisque nous, près de cent ans après, dans ce dix-neuvième siècle tant vanté, nous avons eu la faiblesse, avec une simplicité bien digne de nos ancêtres, de nous préoccuper un instant d'un préjugé vieux comme le monde.

XI

Quoi d'étonnant ! ce dix-neuvième siècle n'a-t-il pas engendré aussi une foule de prédictions touchant le renversement de la machine terrestre ?

Hâtons-nous de dire cependant qu'elles n'ont eu la plupart qu'un succès très éphémère.

En 1816, on attendait l'heure fatale le 18 juillet ; elle ne sonna pas, et Hoffmann, ce critique spirituel du vieux journalisme, publiait, quelques jours après, dans le *Journal des Débats*, sous le titre *De la fin du monde*, un article plein de verve satirique. Nous voudrions pouvoir reproduire en entier cette plaisante diatribe contre quelques-uns des systèmes scientifiques nous initiant aux grandes scènes futures de notre anéantissement par l'eau, le feu ou le refroidissement de la température, mais la place nous manque. Citons-en seulement quelques extraits :

« Nous voilà bien fiers ! Parce que le monde n'a pas fini le 18 juillet 1816, nous croyons qu'il ne finira plus, et nous rions comme si nous n'avions pas eu peur. Semblables à ces matelots qui chantent des litanies pendant la tempête, et recommencent à blasphémer au retour du beau temps, nous redevenons philosophes, nous nous moquons des bonnes femmes qui disaient leur *Mea culpa*, et nous demandons, en ricanant, quand viendra la fin du monde. Point d'impatience, messieurs, cela viendra, comme je vais vous le prouver ; et rira bien qui rira le dernier. Je ne prendrai pas mes démonstrations dans les livres saints, c'est une faible autorité pour un peuple qui a vécu dans un siècle de lumières, et qui a vu consacrer des temples à la Raison. D'ailleurs, vous ne voulez pas entendre parler du *jugement dernier*, et la trompette de l'ange ne réjouirait pas vos oreilles. — Je vais donc invoquer le génie des savants et des philosophes, et certes vous ne m'accuserez pas de chercher mes autorités chez les bigots et les capucins.[7] » — « Oui, la fin du monde est imminente. Cette belle catastrophe a pu être retardée par indisposition ; les machines peut-être n'étaient pas prêtes ; le dénouement de ce grand mélodrame n'a pas paru assez bien amené, et l'on a ordonné des changements à la pièce ; mais on ne perdra rien pour attendre, et nous n'attendrons pas autant qu'on le pense. » — Et

---

[7] Hoffmann prenant pour teste une *Cosmogonie* publiée en 1815, dans laquelle un chapitre était consacré la fin du monde, basée sur un système scientifique.

Hoffmann terminait par cette péroraison : « J'ai donné la fin du monde avec des variations ; les amateurs peuvent choisir ; mais j'espère en avoir assez dit pour faire taire les mauvais plaisants. »

L'année 1816 ne fut pas la seule marquée pour la grande catastrophe. L'abbé Fiard, en 1803, lui avait assignée une date très prochaine, d'après l'Apocalypse et les Pères de l'Église ; pour cet ardent démonologue, le règne de l'Antéchrist était commencé, et l'on ne peut se faire une idée des divagations que lui inspire son zèle contre les démons ou *diabolâtres*, dans un ouvrage sous ce titre bizarre, *La France trompée par les magiciens et les démonolâtres du dix-huitième siècle.*

Un comte de Sallmard-Montfort avait prédit aussi la fin du monde par l'interprétation des saintes Écritures ; il la plaçait entre 1826 et 1836.[8]

« Le monde, disait-il, se fait vieux, et il serait bientôt temps qu'il prit fin ; aussi ne crois-je pas que l'époque d'un si terrible événement soit fort éloignée. Jacob, chef des douze tribus d'Israël, et par conséquent chef de l'ancienne Église, fut évidemment la figure de Jésus Christ, chef des douze apôtres, et par conséquent chef de la nouvelle ; Jacob naquit l'an du monde 2168, c'est-à-dire 1836 ans avant Jésus-Christ. Le monde, à la naissance de Jésus-Christ, avait 4,004 ans ; l'Église ancienne, figure de la nouvelle, a donc duré 1836 ans. Au moment où j'écris, nous sommes en 1826 ; par conséquent, puisque, d'après la parole de Dieu, la nouvelle Église doit durer jusqu'à la fin des siècles, si l'ancienne a vraiment été (comme il n'est pas douteux) le type de la nouvelle, il en résulte clairement que le monde n'a plus qu'environ dix ans à exister, puisqu'en unissant ces dix ans aux dix-huit cent vingt-six ans qui sont passés depuis Jésus-Christ jusqu'à ce moment, cela nous donne précisément les dix-huit cent-trente-six ans qui s'écoulèrent depuis Jacob jusqu'à Jésus. » — Il est impossible de pousser plus loin l'extravagance, et on se demande comment de pareilles incohérences ont pu être mises sérieusement au jour.

---

[8] De la Divinité des différentes religions ; idée de la fin générale et prochaine du monde.

Un Allemand, du nom de Libenstein, avait publié, à Francfort, en 1818, une brochure dans laquelle il avertissait le public que l'Antéchrist paraîtrait en 1825 et que le monde finirait dix ans après.

Enfin, en 1824, il parut une *Explication de l'Apocalypse*, où l'on prouvait que le règne de l'Antéchrist avait commencé et que le monde allait finir. Les philosophes, les jansénistes, les révolutionnaires, l'Encyclopédie, Voltaire, Napoléon, étaient les bêtes et les monstres prédits par saint Jean.

Madame de Krudner, cette femme emblématique de la sainte alliance, l'amie de l'empereur Alexandre, elle aussi avait prophétisé la ruine de notre planète ; c'était le 13 janvier 1819 (1er janvier selon le calendrier russe, qui servait de règle à la sainte prophétesse) que devait s'accomplir le cataclysme. Principalement en Suisse et en Allemagne, on se plut à répandre ce bruit dans les campagnes, et les populations, qui le prirent au sérieux, furent dans un grand effroi.

Des années de fin du monde furent encore, on se le rappelle, 1832 et 1840. La première passera à la postérité, grâce à la fameuse chanson de Béranger, *Finissons-en, le monde est assez vieux*. — Quant à la seconde, elle a fait pendant longtemps l'objet de l'attente et de la crainte universelles ; elle était marquée d'un signe fatal dans les traditions ; elle était annoncée menaçante et terrible par une foule de prédictions. C'était le 6 janvier que le grand dénouement de la comédie humaine devait avoir lieu ! Beaucoup de gens avaient fait leurs préparatifs, s'étaient mis en règle et attendaient de pied ferme la date fatale. — Ils ont été dupes de leur crédulité ; mais la fin du monde, arrivée depuis pour plus d'un d'entre eux, prouve que n'est dans la mort de chacun de nous que se trouve réellement la réalisation de toutes les prophéties sur la destruction du genre humain.

XII

Reste à savoir si les prophètes dont nous venons d'énumérer une assez longue liste étaient tous de bonne foi ? — C'est là une question impossible à résoudre ; mais, quoi qu'il en soit, de deux choses l'une : — ou ils étaient sincères, parlaient avec conviction, et alors ils doivent être classés parmi les fous et les utopistes, pauvres esprits malades que de fausses théories systématiques entraînent, absorbent et jettent dans des divagations tellement extrêmes qu'elles ne prêtent pas même matière à discussion ; — ou ils étaient incrédules eux-mêmes, et dans ce cas ils ne peuvent être regardés que comme des imposteurs dignes du mépris public.

En nous arrêtant sur cette question, notre but n'a donc été simplement, — et nous tenons à bien le constater, — que de remettre en lumière quelques faits historiques oubliés ou peu connus. Nous ne sommes plus au temps, Dieu merci, où ces sortes de prédictions étaient acceptées comme infaillibles. — Si l'on peut s'étonner d'une chose, c'est, à bon droit, que de nos jours, en plein dix-neuvième siècle, il puisse surgir encore quelquefois des adeptes de ce prétendu art astrologique, tombé depuis longtemps sous les railleries et les quolibets, lorsque les découvertes de l'astronomie sont venues donner une explication mathématique aux mouvements célestes.

Ceci nous amène naturellement aux comètes, et ici nous allons retrouver de nouveau l'ignorance et la superstition aux prises avec le bon sens et la véritable science.

LES COMÈTES

I

On n'a pas complètement perdu le souvenir que la terrible prédiction dont la terre avait été menacée pour le 13 juin 1857 était basée sur l'apparition d'une comète qui, heurtant violemment le globe, le réduirait en cendres. La comète avait fait défaut au jour annoncé ; mais voilà qu'elle vient de se manifester à nous d'une manière éclatante, sans que nous ayons eu à lui reprocher la plus petite peccadille. Il est vrai que celle-ci n'a, — au dire des savants, — aucune analogie avec la fameuse comète si malencontreusement prônée l'année dernière ; c'est sans doute pour cela qu'elle n'a pas eu le triste pouvoir de raviver les craintes qui s'étaient assouvies à l'aurore du 14 juin.

Toutefois l'attention publique ne lui a pas failli ; chacun l'a contemplée, et c'est répondre, croyons-nous, à l'intérêt d'actualité qui s'attache en ce moment aux comètes, que de présenter un aperçu abrégé de leur histoire.

Si ces astres, très communs dans le système céleste, n'ont jamais offert le moindre danger pour les habitants de la terre, ni occasionné sur notre planète un dérangement atmosphérique quelconque, — bien qu'on ait mis le déluge sur leur compte, — ils n'en ont pas moins été l'objet des croyances les plus superstitieuses.

Les erreurs et les préjugés inhérents à l'espèce humaine ont voulu voir dans ces phénomènes de monstrueux présages de toutes sortes de maux et de calamités.

Cette faiblesse traditionnelle, aussi puérile que ridicule, la civilisation n'est pas parvenue à la détruire radicalement. — On rencontre encore des imaginations imbues des crédulités anciennes à l'égard de l'influence néfaste des comètes sur les événements d'ici-bas.

Peut-être les quelques faits historiques que nous allons résumer seront-ils de quelque poids pour déraciner, dans l'esprit populaire, les derniers vestiges d'une superstition sans fondement et qu'il est temps de reléguer dans le domaine des folies de l'astrologie judiciaire, avec les horoscopes, les sortilèges et autres sottises du même genre.

II

Les peuples anciens, dans leurs appréciations scientifiques sur les comètes, sur leur nature, leur essence, leurs apparitions, la possibilité de leur retour, ne s'accordent pas. On n'en finirait pas si on voulait rapporter toutes les hypothèses plus ou moins invraisemblables auxquelles ils se sont arrêtés sur ce sujet. La diversité de leurs systèmes et de leurs théories varie à l'infini : ainsi, par exemple, les astronomes chaldéens admettaient le retour périodique des comètes et prétendaient en connaitre le cours ; plusieurs d'entre eux les regardaient comme des tourbillons qui s'enflamment par la rapidité de leur mouvement. Quelques philosophes grecs, tels qu'Anaxagore et Démocrite, rangeaient les comètes au nombre des astres errants ; ils supposaient qu'elles n'étaient autre chose que deux planètes qui, en se rapprochant, paraissaient ne faire qu'un corps. Certains pythagoriciens, n'admettaient qu'une seule comète, qui paraissait par intervalles, après avoir été pendant quelque temps absorbée dans les rayons du soleil ; d'autres croyaient au rapport de Plutarque : « Qu'une comète n'était qu'un effet de la vision, comme les apparences de ce qu'on voit dans un miroir. » D'autres enfin pensaient que c'était un concours d'étoiles mêlant ensemble leur lumière. Aristote prétendait que c'était une exhalaison du sec enflammé ; Sénèque, parlant de ces astres, dit a qu'il ne les croit pas des feux subitement allumés, mais des ouvrages éternels de la nature. »

« Un jour viendra, disait ce philosophe, où l'on pourra démontrer en quels endroits errent les comètes, pourquoi elles marchent très écartées les unes des autres, quelles sont leurs dimensions et leurs propriétés. »

Les anciens partageaient les comètes en différentes classes ; la figure, la longueur, l'éclat de la queue, étaient ordinairement l'unique fondement de ces distinctions. Pline distinguait douze espèces de comètes, dont il donne ainsi la description : « On voit des comètes proprement dites ; elles effrayent par leur crinière de couleur de sang ; leur chevelure hérissée se porte vers le haut du ciel. Les barbues laissent descendre en bas leur chevelure, en forme d'une barbe majestueuse. Le javelot semble se lancer comme un trait ; aussi l'effet le plus prompt suit de près son apparition ; si la queue est plus courte et se termine en pointe, on l'appelle épée ; c'est la plus pâle de toutes les comètes ; elle a comme l'éclat d'une épée sans aucun rayon. Le plat ou le disque porte un nom conforme à sa figure ; sa couleur est celle de l'ambre ; il nuit quelques rayons de ses bords, mais en petite quantité. Le tonneau a réellement la figure d'un tonneau que l'on concevrait enfoncé dans une fumée pénétrée de lumière. La cornue imite la figure d'une corne, et la lampe celle d'un flambeau ardent. La chevaline représente la Crinière d'un cheval qu'on agiterait violemment par un mouvement circulaire ou plutôt cylindrique. Telle comète paraît aussi d'une singulière blancheur, avec une chevelure de couleur argentine ; elle est tellement éclatante, qu'on peut à peine la regarder ; on y voit l'image de Dieu sous une forme humaine. Il y a des comètes hérissées ; elles ressemblent à des peaux de bêtes garnies de leurs poils, et sont entourées d'une nébulosité. Enfin l'on a vu la chevelure d'une comète prendre la forme d'une lance. »

Pline prétendait encore que ce n'est pas une chose indifférente que les comètes dardent leurs rayons vers certains endroits, ou reçoivent leur vertu de certains astres, ou représentent certaines choses, ou brillent en certaines parties du ciel. « Si elles ressemblent à une flûte, leurs présages s'adressent à la musique ; quand elles sont dans les parties honteuses d'un signe, c'est aux impudiques qu'elles en veulent ; si leur bifurcation fait un triangle ou un carré équilatéral à l'égard des étoiles fixes, c'est aux sciences et à l'esprit qu'elles s'adressent. Elles répandent des poisons quand elles se trouvent dans la tête du Serpentaire boréal ou austral. »

« Je fais réflexion à la pensée de Démocrite, dit Bodin, et je suis porté à croire, ainsi que lui, que les comètes sont les âmes des personnages illustres qui, après avoir vécu sur terre pendant une longue suite de siècles, prêtes enfin à périr, sont portées comme dans une espèce de triomphe, ou sont appelées au ciel des étoiles comme des astres éclatants. C'est pour cela que la famine, les maladies épidémiques, les guerres civiles, suivent l'apparition des comètes ; les villes, les peuples se trouvent alors privés du secours de ces excellents chefs, qui s'attachaient à apaiser les fureurs intestines.[9] »

Rien dans les écrits de Démocrite ne justifie cette opinion ridicule de Bodin, qui est regardé pourtant comme le père de la science politique en France. Pour un magistrat et un écrivain aussi sérieux, il faut avouer que c'était là une aberration d'esprit inqualifiable ; mais cela tenait plus à son temps qu'à lui-même. Il écrivait dans le milieu du seizième siècle.

Ces appréciations si diverses et insignifiantes, du reste, prouvent combien ces astres étaient alors mal observés, et les lieux mêmes de leur apparition ne sont pas mieux déterminés. « Les anciens historiens, dit Pingré, daignent rarement faire mention du lieu des comètes, et lorsqu'ils en parlent, ils se contentent de nous apprendre en général de quel côté ils ont plus particulièrement observé la comète au temps de sa première apparition, sans nous instruire des changements de lieux postérieurement survenus. Comme tous n'ont pas découvert la comète le même jour, il s'ensuit qu'il doit y avoir entre eux des contradictions apparentes, que l'on peut, et, par conséquent que l'on doit concilier, en rapportant à différents jours les observations qui paraissent contradictoires.

III

Par compensation à ces divergences d'opinions, tous les anciens sont unanimes dans la seule et même croyance, ou plutôt dans la même

---

[9] *Theatrum naturæ*, lib. II.

superstition, à l'égard de l'influence de ces astres sur les affaires de ce monde ; ils les regardent comme des présages certains des plus grands, événements, soit favorables, soit malheureux ; mais, en général, ils leur attribuent une influence funeste.

L'histoire est un grand enseignement, et, si on a pu s'en servir pour entretenir les peuples dans l'idée que les comètes sont des présages de malheurs, on pourrait également l'invoquer pour combattre cette croyance superstitieuse, qui a trouvé dans le docte Gassendi un adversaire d'une logique et d'une raison sans réplique.

« Je ne puis concevoir, dit-il, quel enchantement fascine l'esprit des hommes ; si les années n'étaient stériles, si nous n'étions affligés de la famine, si la peste n'exerçait ses affreux ravages, si la guerre ne dépeuplait nos provinces, si nous n'étions obligés de céder a victoire a nos ennemis, si la mort ne nous enlevait nos princes qu'après l'apparition de quelque comète, on pourrait ajouter foi aux prédictions des astrologues ; mais, soit qu'il paraisse des comètes, soit qu'il n'en paraisse pas, les mêmes événements se succèdent. Pourquoi donc rapportons-nous ces événements aux comètes, soit comme signes, soit comme causes, soit sous l'un et l'autre titre ? De plus, si les comètes n'avaient aucun mouvement, si elles étaient toujours suspendues au-dessus de la même maison, de la même ville, de la même province, si la défaite d'une armée pouvait se séparer de la victoire de l'armée ennemie, si ce qui fait la perte de celui-ci n'opérait point de même la félicité de celui-là, si les rois seuls mouraient et que les corps célestes eussent plus de rapport avec les grands de la terre qu'avec la populace la plus abjecte, les prédictions fondées sur l'apparition de ces sortes de phénomènes seraient sans doute spécieuses ; mais les comètes parcourent plusieurs royaumes et même la terre entière ; le malheur d'un seul homme ou même d'un peuple entier est ordinairement la source du bonheur d'un autre homme ou d'un autre peuple ; la mort quitte le palais des rois pour frapper le pauvre en sa cabane ; le choix de la victime qu'elle doit immoler dépend des causes naturelles absolument étrangères à ce qui se passe dans le ciel. Pourquoi regardons-nous donc les comètes comme funestes, cruelles, terribles, plutôt que de les appeler douces, bienfaisantes, aimables ? Oui, les comètes sont réellement effrayantes, mis par notre sottise ; nous nous forgeons gratuitement des objets de terreur panique, et, non contents de nos maux réels, nous en accumulons d'imaginaires. »

En suivant l'ordre d'idées de Gassendi, on pourrait faire un curieux travail ; ce serait le parallèle des événements heureux et malheureux qui ont suivi ou accompagné de près les comètes, en distinguant celles qui n'ont été environnées d'aucune circonstance saillante, et celles-là, croyons-nous, seraient les plus nombreuses. Bien que les historiens aient apporté plus de soin à enregistrer les faits touchant les malheurs publics, — d'ailleurs plus fréquents dans l'existence des peuples et des États, que ceux pouvant être considérés comme l'expression de leur bonheur et de leur félicité, —il est certain qu'on arriverait à cette solution, que l'influence des comètes sur nos destinées morales est nulle.

Plusieurs savants du dix septième siècle ont abordé la question sous ce point de vue, et particulièrement Stanislas Lubieniecki, dans son *Theatrum cometicum* (1668 in-4°). Il donne le détail de quatre cent quinze comètes connues depuis le déluge jusqu'à 4664, dont cinquante remontent au delà de l'ère chrétienne ; et il a pris soin de comparer les événements qui ont suivi les apparitions des comètes pour prouver qu'elles ne présageaient rien de mauvais.[10]

Il n'y a, du reste, pas plus de raison pour croire à leur funeste augure qu'il n'y en a eu à celui attribué jadis, au même titre, aux éclipses ou autres mouvements naturels dans l'organisation céleste, — opinion ridicule dont il ne reste de nos jours aucun vestige, et qui cependant a été universellement admise. — Espérons qu'il en sera de même pour les comètes, et les populations ne pourront que gagner en tranquillité d'être débarrassées de cette superstition,

---

[10] La même pensée a également guidé le P. Riccioli, *Almagestum novum... astronomiam veterem* (1651), et Jean Zahn, *Specula physico-mathematico-historica* (1696.

que déjà sous Louis XIV un savant qualifiait avec raison « capable tout au plus de faire peur aux femmes simples et aux petits enfants. »

IV

Les comètes sont nées avec le monde, et s'il a été impossible d'en suivre la trace depuis les temps primitifs, on a pu du moins, avec l'aide des traditions écrites des peuples anciens et surtout des Chinois, dont les annales remontent, comme on sait, à près de trois mille ans avant Jésus-Christ, recueillir des données sur ce sujet. Si ce peuple, d'une antiquité sans rivale, a observé assez grossièrement le mouvement de ces astres, on ne peut disconvenir qu'il n'ait été à cet égard et plus attentif et plus exact que les anciens Européens ; son entêtement des rêveries de l'astrologie judiciaire et l'idée folle et singulière qu'il s'était formée du ciel contribuèrent beaucoup à produire cet heureux effet.

« Le ciel était, suivant les Chinois, une vaste république, un grand empire composé de royaumes et de provinces ; les provinces étaient les constellations ; là était souverainement décidé tout ce qui devait arriver de favorable ou de défavorable au grand empire terrestre, à celui de la Chine. — Les planètes étaient les administratrices ou les surintendantes de la république céleste, les étoiles étaient leurs ministres, les comètes leurs courriers ou messagères ; les planètes envoyaient celle-ci de temps à autre pour visiter les provinces et pour y mettre ou y entretenir l'ordre ; mais tout ce qui se faisait là-haut était ou la cause ou l'avant-coureur de ce qui devait arriver ici-bas. » — Qu'on juge donc, d'après ce beau système, s'il n'était pas de la plus grande importance d'examiner avec la plus grande attention le mouvement et les diverses phases des comètes.

« On ne distinguait guère en Chine les comètes que par leur queue ; lorsqu'elles n'en avaient pas, quel que fût leur mouvement, on ne leur donnait que le nom d'étoile ou d'étoile nouvelle, ou même d'étoile *hôte* ou *hôtesse*, visitant les provinces et logeant en divers lieux comme en autant d'hôtelleries.

Elles se tenaient dans les vestibules des palais célestes ; là, sous une forme invisible, elles attendaient l'ordre de partir ; l'ordre expédié, elles devenaient visibles et se mettaient en route ; si dans leur course elles acquéraient une queue, on disait que l'étoile était devenue comète.

Ce système, tout étrange et puéril qu'il soit, a été le point de départ des nombreuses observations célestes faites par les Chinois dans les temps reculés ; la science, loin de les dédaigner, a pu y puiser des renseignements utiles à défaut d'autres, pour les. calculs de l'astronomie moderne, et en particulier sur les comètes, car la grande quantité de ces astres observés en Chine avec le même soin scrupuleux pendant une succession non interrompue de cinquante siècles a permis de faire des études et des comparaisons de nature a jeter quelques rayons de lumière qui, malgré leur pâle clarté, ont quelquefois guidé la science en éclairant ses recherches et ses travaux.

V

Dans l'antiquité comme sous le moyen fige et même au delà, l'observation des phénomènes célestes fut pour ainsi dire nulle ; on ne possédait pas d'ailleurs les connaissances suffisantes ni les instruments nécessaires ; les calculs mathématiques, qui ont tant aidé aux progrès de l'astronomie, étaient à peu près ignorés.

En ce qui concerne les comètes, il existe une confusion impossible à débrouiller ; on ne peut guère établir leurs apparitions que sur les textes des historiens, qui ne manquent jamais de les constater, mais la plupart du temps en termes plus que laconiques, et seulement comme une satisfaction donnée à la croyance superstitieuse qu'ils y attachent,

Pour eux, ces astres sont inséparables des événemèts terrestres ; ils les font invariablement précéder, accompagner ou suivre des faits plus ou moins importants, mort ou naissance de rois ou de princes, guerres, victoires, défaites, calamités publiques, etc.

Mais une remarque qui doit être faite, c'est que sous le nom générique de comète les historiens désignent souvent les moindres signes dont le ciel leur offre l'aspect, comme aussi quelquefois, par contraire, ils ne spécifient pas sous cette dénomination des lueurs qui vraisemblablement pourraient être classées parmi ces astres ; les météores lumineux, depuis l'arc-en-ciel jusqu'à l'aurore boréale deviennent pour eux des comètes, tandis que de véritables comètes sont seulement des feux célestes. — Ces fausses interprétations dues à l'ignorance astronomique des écrivains du moyen âge, en général, n'ont pas permis de préciser avec certitude les dates des comètes apparues dans ces temps et par conséquent de suivre leur mouvement et leur marche.

Néanmoins, grâce à de patientes et laborieuses recherches accomplies dans les siècles derniers par des savants de mérite, l'histoire universelle des comètes a été établie d'une manière aussi complète que possible. Cette importante question a trouvé dans Pingré un érudit et un astronome à la hauteur d'une tâche aussi ardue ; et, si l'ouvrage qu'il a publié sous ce titre : la *Cométographie, ou traité historique et théorique des comètes* (1784), est une œuvre scientifique estimée, il est au point de vue de l'histoire un travail des plus remarquables.

VI

D'après ce que nous venons de dire, on comprend qu'il n'a pas été possible de déterminer le nombre des comètes ; mais il est hors de doute que ces astres n'aient été très considérables, si l'on en juge par l'évaluation qu'en donne Pingré. Ainsi du commencement de l'ère vulgaire à 1783, époque à laquelle il écrivait, il n'en compte pas moins de 380 dont l'apparition lui paraît avérée. Ce chiffre s'est accru depuis dans une grande proportion, et il n'y a pas d'années où l'on ne découvre, sur un point ou sur un autre du globe, de nouvelles comètes.

On ne s'attend pas que nous en donnions ici le catalogue ; — outre que cette chronologie serait monotone, elle demanderait un développement et une étendue que ne comporte pas le cadre restreint de ce travail. — Nous ne parlerons donc seulement que des comètes les plus mémorables apparues en France, en faisant connaître les quelques particularités historiques qui s'y rattachent et les diverses appréciations auxquelles elles ont donné lieu, — que ces appréciations appartiennent à la superstition ou à la philosophie, à l'ignorance ou à la science. — Mais nous écarterons soigneusement toute espèce d'observations techniques, les calculs, les systèmes, les théories rentrant dans le domaine exclusif de l'astronomie, que notre incompétence radicale en pareille matière ne nous permet pas d'ailleurs d'aborder.

Tous les chroniqueurs du moyen âge, du sixième au quatorzième siècle, depuis Grégoire de Tours jusqu'à Guillaume de Nangis, se montrent très attentifs à consigner les phénomènes célestes ; quels qu'ils soient, ils leur paraissent des choses extraordinaires et surnaturelles ; ils les envisagent comme une manifestation éclatante de la volonté de Dieu ; ces signes sont l'expression de la puissance divine parlant aux yeux des hommes et leur annonçant les événements futurs.

Parmi les innombrables prodiges qu'on rencontre à chaque page dans le premier historien des Francs, Grégoire de Tours, on trouve l'apparition de plusieurs comètes : « Une de ces étoiles qu'on appelle comètes, dit-il, portant un rayon semblable à un glaive, se montra pendant une année entière. On vit le ciel ardent, et il apparut beaucoup d'autres signes. » Il en mentionne une autre dans l'année 580, et, en 583, une nouvelle au mois de janvier : « Le ciel tout autour était profondément obscur, en sorte que, placée comme dans un creux, elle reluisait au milieu des ténèbres, scintillait et étalait sa chevelure ; il en parlait un rayon d'une grandeur merveilleuse, qui paraissait au loin comme la fumée d'un grand incendie ; on la vit à l'occident, à la première heure de la nuit. »

VII

Durant toute l'époque mérovingienne et la suivante, les comètes n'offrent aucun fait intéressant ; les rares auteurs contemporains parvenus jusqu'à nous sont, à cet égard, d'un laconisme qui empêche même de savoir la date et le lieu où ces astres furent visibles. S'ils les signalent, c'est surtout comme avant-coureurs de la mort de princes ou de grands personnages.

Comme exception à cette règle générale, nous devons cependant citer un curieux passage du chroniqueur anonyme dit l'*Astronome*, dénomination que lui ont valu les détails qu'on va lire : « Au milieu de ces saints jours (la solennité de Pâques), un phénomène toujours funeste et d'un triste présage, je veux dire une comète, parut au ciel. Dès que l'empereur, très attentif à de tels phénomènes, eut le premier aperçu celui-ci, il ne se donna plus aucun repos qu'il n'eût fait appeler devant lui un certain savant et moi-même, qui écris ceci, et qui passais pour avoir quelque science dans ces choses. Dès que je fus en sa présence, il s'empressa de me demander ce que je pensais d'un tel signe. Et, comme je lui demandai du temps pour considérer l'aspect des étoiles, et rechercher, par leur moyen, la vérité, promettant de la lui faire connaître le lendemain, l'empereur, persuadé que je voulais gagner du temps, ce qui était vrai, pour n'être point forcé à lui annoncer quelque chose de funeste : — Va, me dit-il, sur la terrasse du palais, et reviens aussitôt me dire ce que tu auras remarqué, car je n'ai point vu cette étoile hier au soir, et tu ne me l'as point montrée ; mais je sais que ce signe est une comète ; dis-moi donc ce que tu crois qu'il m'annonce. — Puis, me laissant à peine répondre quelques mots, il reprit : — Il est une chose encore que tu tiens en silence ; c'est qu'un changement de règne et la mort d'un prince sont annoncés par ce signe. — Et comme j'attestais le témoignage du prophète, qui a dit : « Ne craignez point les signes du ciel comme les nations les craignent, » ce prince, avec sa grandeur d'âme et sa sagesse ordinaires, me dit : — Nous ne devons craindre que celui qui a créé et nous-mêmes et cet astre. Mais nous ne pouvons assez admirer et louer la clémence de celui qui daigne, par de tels indices, nous avertir au milieu de notre inertie, de nos péchés et de notre impénitence. Ce signe se rapporte à moi, comme à tous également. Marchons donc de toutes nos forces et de toute notre volonté dans une meilleure voie, de peur que, si nous persévérons dans notre impénitence au moment où le pardon nous est offert, nous nous en rendions enfin indignes. — Après avoir dit ces paroles, il prit quelque peu de vin, ordonna à tous ceux qui l'entouraient de l'imiter, et commanda ensuite à chacun de se retirer. Il passa toute cette nuit, comme il me le fut rapporté, à offrir à Dieu des louanges et d'humbles prières. Le lendemain, quand l'aurore parut, il fit appeler les ministres de son palais, et ordonna que de grandes aumônes fussent distribuées aux pauvres et aux serviteurs de Dieu, tant parmi les moines que parmi les chanoines. Ensuite il fit célébrer un grand nombre de messes, moins par crainte pour lui-même que par prévoyance pour l'Église confiée à ses soins. Ces ordres exécutés selon qu'il l'avait désiré, il alla chasser dans les Ardennes, ce qui lui réussit plus heureusement que de coutume ; et tout ce qu'il entreprit en ce temps eut un heureux succès. »

Comme on le voit, au dire d'un témoin oculaire, cependant très partisan du pouvoir funeste des comètes, celle-ci manqua cette fois à son influence néfaste, puisque Louis le Débonnaire, dont il est question, fit une fructueuse chasse, que tout lui réussit à souhait, et qu'il ne mourut, ajouterons-nous, que trois années après, en 840. — Des historiens, plus crédules que judicieux, n'ont pas néanmoins laissé échapper l'occasion de trouver dans l'apparition de cette comète un présage de la mort de l'empereur. Il est vrai que le même chroniqueur, quelques lignes plus loin, cite encore une autre comète, apparue l'année suivante, vers le commencement de janvier, en disant « que l'apparition de ce signe funeste fut bientôt suivie de la mort de Pépin, roi d'Aquitaine, second fils de Louis le Débonnaire. »

VIII

Au commencement du onzième siècle, les craintes du genre humain, à propos de sa croyance à une fin prochaine, étaient générales ; des prodiges de toutes sortes semblaient en effet annoncer ce grand cataclysme ; des signes célestes, une comète et des éclipses qui eurent lieu à cette époque, contribuèrent à entretenir la terreur panique répandue dans toute la population. « On vit dans le ciel, dit Raoul Glaber, vers l'occident, une étoile que l'on appelle comète. Elle apparut dans le mois de septembre, au commencement de la nuit, et resta visible près de trois mois. Elle brillait d'un tel éclat, qu'elle semblait remplir de sa lumière la plus grande partie du ciel, puis elle disparaissait au chant du coq. Mais décider si c'est là une étoile nouvelle que Dieu lance dans l'espace, ou s'il augmente seulement l'éclat ordinaire d'un autre astre pour annoncer quelque présage à la terre, c'est ce qui appartient à celui-là seul qui sait tout préparer dans les secrets mystères de sa sagesse. Ce qui parait le plus prouvé, c'est que ce phénomène ne se manifeste jamais aux hommes, dans l'univers, sans annoncer sûrement quelque événement merveilleux et terrible.

Quant aux éclipses, elles inspirent au vieux chroniqueur des réflexions identiques, non moins dépourvues des plus simples connaissances astronomiques. « L'an 1000 de la Passion du Sauveur, dit-il, le 29 juin et la vingt-huitième lune, il y eut une éclipse de soleil effroyable qui dura depuis la sixième jusqu'à la huitième heure du jour. Le soleil lui-même paraissait couleur de safran, et le haut de cet astre semblait avoir pris la forme du dernier quartier de la lune. Tous les visages étaient pâles comme la mort et tous les objets qu'on apercevait dans l'air étaient jaunes et safranés. L'étonnement et l'épouvante remplirent alors tous les cœurs, et à la vue de ce triste présage on attendit avec effroi quelque événement funeste au genre humain. On dit que ces éclipses, — ajoute Glaber en parlant d'une autre éclipse de soleil quelques années ensuite, — ne viennent pas de ce que l'astre disparaît en effet, mais de ce qu'il est caché seulement à nos yeux par quelque obstacle étranger. Widon, archevêque de Reims, nous a raconté aussi qu'on avait vu le soir dans son pays, à la même époque, une étoile phosphore (lumineuse) qui s'agitait violemment de haut en bas et semblait menacer la terre. En effet, plusieurs prodiges effrayants parurent alors dans le ciel pour ramener les hommes de leur iniquité à une vie meilleure par la voie de la pénitence. »

<h1 style="text-align:center">IX</h1>

On lit dans une chronique anonyme « que l'année où mourut le roi Robert, le 9 mars (1031), à la dixième heure de la nuit, on vit une comète de la grandeur d'une lance ; elle brillait jusqu'à l'aurore et fut aperçue pendant trois nuits. » — L'écrivain monastique ajoute « qu'il s'ensuivit une innombrable multitude de sauterelles qui dévorèrent toute la verdure. »

En 1066, il apparut par toute la terre une comète que les historiens et les savants après eux se sont accordés à qualifier de célèbre. Elle a été regardée comme le présage de la conquête du royaume d'Angleterre par Guillaume, duc de Normandie. Cette circonstance surnaturelle exerça même la verve poétique d'un auteur de ce temps, qui s'écriait dans un distique « que la comète avait été plus favorable à Guillaume que la nature à César ; celui-ci n'avait point de chevelure ; Guillaume en reçut une de la comète. » —Voulait-il, en courtisan spirituel, faire allusion à la couronne d'Angleterre dont Guillaume avait ceint son front ? C'est du moins ainsi qu'on a interprété le sens de cette licence poétique en l'honneur de la puissance naissante du conquérant fondateur d'une nouvelle dynastie royale.

Dans une partie de la fameuse tapisserie de Bayeux, où la reine Mathilde de Flandre a retracé les plus mémorables épisodes de l'expédition d'outre-mer du duc Guillaume, son époux, on remarque plusieurs personnages considérant attentivement la comète ; l'inscription explicative de cette scène, que les érudits ont lue : *Isti mirantur Stellam,* prouve que cette étoile fut considérée comme une véritable merveille.

Mais un moine de Malmesbury ne l'envisageait pas sous le même aspect, et la comète, pour lui, présageait d'affreux malheurs à son pays, en proie aux attaques simultanées de Harold, roi de Norvège, et de Guillaume le Normand ; gémissant sur ces luttes ensanglantées, il apostrophe l'astre comme la cause de tout ce mal : « Te voila donc, te voilà, source des larmes de plusieurs mères ; il y a longtemps que je t'ai vue, mais je te vois maintenant plus terrible, tu menaces ma patrie d'une ruine entière. »

La date de l'apparition et la durée de cette comète n'ont pu être exactement précisées ; les documents contemporains qui en font mention varient beaucoup sur ces deux points : selon toute probabilité, elle commença à être visible dans le mois d'avril ; le chroniqueur Hugues de Fleury, qui la place, par erreur, à l'année 1065, dit qu'elle se montra pendant l'espace de trois mois, assertion que ne ratifient pas d'autres auteurs du temps. Quoi qu'il en soit, d'après les recherches auxquelles s'est livré Pingré sur le mouvement de cette comète, elle aurait été assez voisine de la terre lorsqu'on la découvrit en Europe.

Les mêmes incertitudes existent pour une comète apparue en 1106. Des écrivains contemporains nous apprennent « qu'elle était très grande, qu'elle imitait le flambeau du soleil, qu'elle couvrait de ses rayons une grande partie du ciel et qu'elle jeta la terreur dans tous les esprits. » On ne la remarqua en Occident que le 16 février, tandis qu'en Orient, suivant quelques chroniqueurs des croisades, on la vit dès le 7 février. Selon les uns, elle dura quatorze ou quinze jours, selon les autres, de quarante à quarante-six jours. « Après cinquante jours la vue la plus perçante, dit un témoin oculaire, avait de la peine à la distinguer. »

Au commencement du mois de juillet 1223, suivant Guillaume de Nangis, une comète apparut dans le royaume de France. C'était, d'après ce chroniqueur, un présage de malheur. « En effet, dit-il, le roi Philippe, accablé d'une fièvre quarte, termina son dernier jour, à Mantes, la veille des ides de juillet. »

En 1264, vers le milieu du même mois, on aperçut en France une comète qu'on observa dans la plupart des pays du globe, mais à des époques différentes. Elle a aussi été mise au rang des comètes célèbres, et c'est à dater de celle-ci que l'on commença à s'occuper avec plus de soins et d'attention du mouvement et de la marche de ces astres, mais cependant d'une manière encore trop incomplète, vu surtout l'absence des instruments de précision découverts depuis, pour que les astronomes futurs puissent y trouver des observations assez exactement formulées permettant de donner cours aux études approfondies auxquelles ils s'appliquèrent.

Un manuscrit latin de la bibliothèque de Cambridge, intitulé *Tractatus fratris Egidii de cometis,* constate cette tendance à s'occuper des comètes autrement que pour y voir des présages de malheur. Toutefois les observations de ce frère Gilles, touchant la comète de 1264, laissent beaucoup à désirer, au dire de Pingré, et ce savant les a réfutées dans une dissertation particulière. Mais ceci est un point de science dans lequel nous n'avons pas à nous immiscer. Nous dirons seulement que cette comète fut visible pendant un espace de temps que les historiens s'accordent à faire durer plusieurs mois. Des auteurs contemporains attestent qu'elle disparut le jour même de la mort du pape Urbain IV, c'est-à-dire le 3 octobre.

X

Dans les quatorzième et quinzième siècles, il y eut une foule de comètes parmi lesquelles nous ne citerons que les suivantes :

Celle de 1301 fut très remarquable, et Pachymère, témoin oculaire, en a laissé la description dans ces termes : « L'automne avait égalé la nuit au jour, et le soleil, par son mouvement » annuel, avait atteint les étoiles de la Vierge, lorsqu'une comète, paraissant du côté de la Thrace, commença à étendre sa belle chevelure vers la partie orientale du ciel. On la vit d'abord du côté de l'Occident ; prenant de là sa course, elle décrivait tous les jours des cercles inégaux, paraissant plus avant dans la nuit, se montrant plus élevée et s'approchant de plus en plus du pôle du monde. Elle ne suivait la route d'aucune étoile fixe ; chaque nuit, on la voyait s'élever de plus en plus vers le plus haut du ciel. Revenant enfin au lieu où elle avait d'abord fait briller sa chevelure, son éclat diminua, sa queue se dissipa ; elle-même cessa bientôt d'être aperçue. »

La comète de 1337, classée parmi les célèbres, eut une durée de trois à quatre mois, à partir de juin, et un historien la considère comme le présage de la mort de Frédéric, roi de Sicile, arrivée le 23 juin. Elle fut visible dans presque toutes les parties de la terre, et Pingré dit « qu'elle fut une des plus belles et des plus grandes qu'on ait observées. »

« En 1347 au mois d'août, on vit à Saint-Denis en France, disent les chroniques de cette célèbre abbaye, une étoile au-dessus de la ville de Paris, du côté de sa partie occidentale ; elle était fort grande et très claire ; l'heure de vêpres était passée ; le soleil, encore sur l'horizon, tendait à se coucher ; cette étoile n'était point élevée au-dessus de notre hémisphère, comme le sont les autres astres ; elle était assez voisine de nous ; le soleil s'étant couché, et la nuit s'approchant, cette étoile, observée par plusieurs frères et par moi, ne nous paraissait avoir aucun mouvement. Enfin, la nuit commençant en notre présence, et à notre grand étonnement, cette étoile très grosse fut divisée en plusieurs rayons, lesquels se répandirent sur Paris et du côté de l'Orient, et le tout disparut. Ce phénomène était-il une comète ou une autre étoile, ou bien était-il formé de quelques exhalaisons et se résolut-il ensuite en vapeurs ? c'est ce que je laisse au jugement des astronomes. »

Des savants n'ont pas hésité à ranger cette étoile parmi les comètes, entre autres le P. Bertier, dans sa *Physique des comètes* ; ce qui est formellement repoussé par Pingré. Nous n'avons d'ailleurs rapporté ce texte que pour montrer, comme exemple, combien les moines, dans la solitude du cloître, s'attachaient à noter les phénomènes célestes.

En 1399, Juvénal des Ursins nous apprend « qu'une merveilleuse comète apparut au ciel. Et combien qu'on dit que telles choses sont naturelles, toutefois elle sembla fort étrange, car elle dura huit jours entiers enflammée et était de grande étendue. Et disaient aucuns astronomiens que c'était signe de quelque grand mal à venir. »

Trois ans après, en 1402, il y eut une comète fort grande et très éclatante ; personne ne se souvenait d'avoir vu un tel prodige.

L'historien que nous venons de citer la qualifie de merveilleuse, et il ajoute qu'elle « s'étendait de septentrion en occident et apparut bien pendant quinze jours. Et s'imaginaient dès lors plusieurs personnes d'entendement tant astrologiens que autres, que c'était signe de quelque male fortune qui devait advenir en ce royaume. »

Des auteurs lui donnent la figure d'une broche ; d'autres, celle d'une épée. Elle commença à paraître plusieurs jours avant le carême ; ce fut surtout en Italie qu'elle brilla de la plus vive clarté, et les historiens de ce pays la citent comme un signe de la mort de Jean Galéas Visconti, duc de Milan, survenue au mois de septembre suivant, laquelle fut aussi précédée d'une seconde comète, non moins brillante, qui apparut au mois de juin.

XI

En 1456, au mois de juin, une comète d'une grandeur extraordinaire, terrible, traînant à sa suite une queue très longue et brillant d'un vif éclat, jeta l'effroi dans toute la chrétienté. Le pape Calixte III, soit par une crédulité de bonne foi, soit, — ce qui est plus vraisemblable, — par une manœuvre habile destinée à raviver le zèle et la ferveur, crut devoir exciter la frayeur des peuples en leur présentant ce phénomène comme l'avertissement de quelque grand accident. Il les exhorta à la prière et à la pratique des bonnes œuvres, afin, disait-il, « que, s'il y avait quelque malheur à craindre, le ciel en préservât les chrétiens. » Les Turcs se montraient alors menaçants contre l'Occident, et le pape, pour stimuler l'ardeur de la croisade entreprise contre ces envahisseurs, profita de la superstition publique. Loin de calmer l'alarme générale, il la fomenta, espérant qu'elle tournerait à l'avantage de la cause chrétienne. La défaite de Mahomet II devant Belgrade et la retraite de ses armées furent regardées comme l'accomplissement de cette prévision. Calixte III, pour conjurer les maléfices de la comète en implorant le secours du ciel contre les Turcs, avait prescrit des prières et des processions publiques ; il ordonna qu'on sonnerait les cloches tous les jours, au milieu de la journée, afin d'inviter les fidèles à la prière, et accorda des indulgences à tous ceux qui réciteraient trois fois l'Oraison dominicale et la Salutation angélique.[11] — Telle est l'origine de l'Angélus de midi, pieuse coutume consacrée depuis dans l'Église catholique.

Belleforest, dans ses *Annales*, fait précéder la mort de Charles VII d'une comète parue en 1460 sur Paris « avec une telle splendeur et embrasement qu'on eût dit que toute la ville était en feu et flammes. » — Le 18 novembre 1465, le même auteur dit « qu'il apparaissait aussi un comète[12] fort hideux et épouvantable ; on vit une impression de feu en l'air, qui dura longuement. »

Les premiers mois de l'année 1472 furent témoins d'une grande comète que la plupart des historiens représentent comme très horrible et tout à fait effrayante. C'est, — au dire des astronomes, — la plus rapide et la plus proche de la terre que l'on ait jamais observée. Voici dans quels termes Belleforest en trace la description : « Au mois de février 1472, apparut au ciel un présage de la mort de ce prince (le frère de Louis XI), un comète fort hideux et épouvantable qui lançait ses rayons d'Orient en Occident, et était de ce genre que les naturalistes appellent Ascon ou Perche, ayant sa chevelure fort longue et terrible, et ses rayons coloré de rouge et d'une couleur enflammée et quelquefois se montrant chargé d'une blanchâtre pâleur, et dura quatre-vingt jours, qui est un des grands espaces que cette impression puisse guère durer ; donnant de grands effrois aux grands, lesquels n'ignorent point que ces

---

[11] Platine *Vita Callixti*, III, p. 183.

[12] Le mot comète se trouve le plus souvent employé au genre masculin dans les anciens auteurs.

comètes sont les verges menaçantes de Dieu pour étonner ceux qui ont commandement à bas, afin qu'ils se convertissent.

XII

Bien que le seizième siècle soit l'époque où des hommes de science et d'études commencèrent à pénétrer dans la voie des observations sérieuses sur les comètes, en notant leur marche et leur mouvement, c'est aussi celle où ces astres inspirèrent peut-être le plus d'opinions superstitieuses, de folles terreurs, et cela, de la part, même d'écrivains que leurs connaissances bien au-dessus du vulgaire auraient dit mettre il l'abri de ces faiblesses d'imagination. Si des gens lettrés, — qualité si peu commune alors, — se montraient les fervents adeptes de la crédulité, comment s'étonner que le peuple grossier et ignorant adoptât avec une foi ardente et excessive toutes les fables et les préjugés que la tradition lui enseignait touchant l'influence néfaste des comètes ?

« Les comètes, dit Pingré, devinrent les signes les plus efficaces des événements les plus libres et les plus importants. Les comètes furent chargées d'annoncer les guerres, les séditions, les mouvements intestins des républiques ; les comètes présagèrent des famines, des pestes, des maladies épidémiques ; il fut défendu aux princes, aux personnes même constituées en dignité, de payer le tribut à la nature sans l'apparition préalable d'une comète ; la comète devint l'oracle universel ; on ne pouvait plus être surpris par un événement inattendu ; l'avenir se lisait au ciel aussi facilement, que le passé dans les histoires. Leur effet dépendait du lieu du ciel où elles étaient engendrées, de la nature des planètes qui les avaient produites, ce que l'on reconnaissait à leur couleur ; des pays de la terre qu'elles dominaient directement par leur mouvement diurne ; des signes du zodiaque qui mesuraient leur longitude ; des constellations, des parties de constellations qu'elles traversaient ; de la figure et de la longueur de leurs queues, du lieu où elles s'éteignaient, de mille autres circonstances enfin qu'il était toujours bien plus facile d'indiquer que de distinguer. Mais ne devait-on pas se tromper souvent dans les prédictions que l'on fondait sur ces beaux principes, et, l'événement démentant le présage, ne démentait-il point la vanité de cette science imaginaire ? La prédiction suivait ordinairement l'événement ; alors on ne courait risque d'être surpris. Le hasard faisait quelquefois rencontrer juste ; l'astrologie triomphait ; d'ailleurs, on annonçait d'ordinaire des guerres, des morts de princes ou de quelque grand ministre ; mais il se passait alors peu d'années qui ne fussent marquées par quelque événement semblable. Les dévots astrologues, car il y en avait beaucoup de cette espèce, risquaient moins que les autres. Selon eux, la comète menaçait de tel malheur ; s'il n'arrivait point, les larmes de la pénitence avaient fléchi la colère de Dieu, il avait remis son épée dans le fourreau. Mais on imagina une règle qui mit les astrologues bien au large ; on s'avisa de dire que l'événement annoncé par l'apparition d'une comète pouvait s'étendre à une ou plusieurs périodes de quarante ans, ou même à autant d'années que la comète avait paru de fois ; moyennant ce principe, une comète qui avait paru six mois pouvait ne sortir son effet qu'après cent quatre-vingts ans ; on pouvait lui faire prédire ce qu'on jugeait à propos ; l'astrologue n'avait pas à craindre de voir la prédiction démentie par l'événement. Il y avait des codes savants dans lesquels on avait rédigé, avec ordre et clarté, les lois de la signification des comètes. »

Les médecins s'étaient aussi emparés des comètes comme de choses à eux appartenantes, vu leurs qualités pernicieuses et morbifiques ; ils déduisaient même de leur aspect des signes physiologiques et pathognomoniques. La comète avait-elle le teint pâle, sa figure tirait-elle sur le blafard : c'étaient des léthargies, des pleurésies, des péripneumonies ; était-elle haute en couleur, rougeâtre, échauffée : c'étaient les fièvres ardentes, la rougeole, le pourpre et le millet ; était-elle bleue : signe de peste, de gangrène, de scrofules, de vice psorique ; enfin sa couleur approchait-elle de l'or : c'était la jaunisse, le spleen, la mélancolie, l'atrabile, la manie, etc.

Aussi, cette croyance que ces astres étaient les signes précurseurs d'événements malheureux les rendit on ne peut plus redoutables, dans ces temps si féconds en prodiges surnaturels de tous genres, en phénomènes célestes, comme l'on pourra s'en convaincre par quelques extraits d'ouvrages contemporains que nous allons avoir l'occasion de citer.

« La plus redoutable de toutes les comètes de notre temps ; dit Simon Goulart,[13] fut celle de l'an 1527. Car le regard d'icelle donna une telle frayeur à plusieurs, qu'aucuns en moururent, autres tombèrent malades. Elle fut vue de plusieurs milliers d'hommes, paraissant fort longue et de couleur de sang. Au sommet d'icelle fut vue la représentation d'un bras courbe, tenant une grande épée en sa main, comme s'il eût voulu frapper. Au bout de la pointe de cette épée, il y avait trois étoiles, mais celle qui touchait droitement la pointe était plus claire et luisante que les autres. Aux deux côtés des rayons de cette comète se voyaient force haches, poignards, épées sanglantes, parmi lesquelles on remarquait grand nombre de têtes d'hommes décapités, ayant les barbes et cheveux hérissez horriblement. » — Et à la suite de cet affreux récit, Goulart s'écrie : « Et qu'a vu l'espace de soixante-trois ans depuis toute l'Europe, sinon les horribles effets en terre de cet horrible présage au ciel ? »

À propos de la comète de 1527, Chorrier, dans son *Histoire du Dauphiné*, raconte un fait surnaturel qui mérite de trouver place ici : « Il semblait, dit-il, que le ciel voulait parler aux hommes par le moyen d'une comète ; elle avait déjà fait trembler le septentrion, et elle parut sur la ville de Vienne, le 5 du mois d'avril de cette année, sur les cinq heures de l'après-midi ; sa figure ressemblait à celle d'un dragon ardent. Ayant passé sur le Rhône, elle s'enflamma davantage, et s'arrêta sur l'éminence qu'occupait le château de la Bastis. Là, il sortit de ce météore deux coups si violents que le bruit qu'ils firent ressemblait à celui du canon. On crut que la terre avait tremblé, et plusieurs personnes assurèrent avoir ressenti une commotion. Cette comète disparut ensuite en laissant à sa place une épaisse fumée qui se dissipa bientôt. »

Simon Goulart entre dans de curieux détails sur beaucoup d'autres comètes ; — depuis l'an 1500 jusqu'à l'an 1574, il en rapporte onze, qu'il présente comme ayant exercé leur fatal pouvoir ; il y rattache, sans aucun

---

[13] *Trésor d'histoire. admirables*, édit. de Genève, 1614.

discernement, toutes les circonstances politiques et militaires, les troubles civils et religieux, les fléaux publics qui se produisirent, dans cette période, en Europe. L'on sait combien ce temps est fertile en faits de cette sorte, et cela rendit plus facile, entre eux et les comètes, l'établissement d'une corrélation plus ou moins directe. On n'avait que l'embarras du choix. — Nous nous abstiendrons de répéter ce que dit Goulart à ce sujet, car ce serait faire un véritable résumé des événements historiques du seizième siècle.

Louise de Savoie, mère de François Ier, avait, malgré son esprit, quelques préjugés superstitieux, et redoutait surtout les comètes. À celle qui parut en 1531 se rattache un fait qui montre à quel point peut être funeste la faiblesse d'imagination.

Brantôme raconte que trois jours avant sa mort, ayant aperçu, pendant la nuit, une grande clarté dans sa chambre, elle fit tirer un rideau et fut frappée de la vue de la comète. « Ah ! dit-elle alors, voilà un signe qui ne paraît pas pour une personne de basse qualité. Dieu le fait paraître pour nous, grands et grandes ; refermez la fenêtre, c'est une comète qui m'annonce la mort ; il faut donc s'y préparer. » Les médecins l'assuraient néanmoins qu'elle n'en était pas là. « Si je n'avais vu, dit-elle, le signe de ma mort, je le croirais, car je ne me sens point si bas ! »

Nous voici arrivé à la fameuse comète de 1556, — celle dont le retour avait été si bénévolement annoncé pour le 13 juin 1857. — On l'a considérée comme étant la même que celle de 1264, et, d'après des théories astronomiques qui en fixaient la révolution périodique dans un intervalle de deux cent quatre-vingt-douze années, des savants, Pingré et Lalande en tête, avaient cru pouvoir assurer qu'elle reparaîtrait en 1848. — Mais leurs prévisions ne se sont pas réalisées.

Cette comète commença à paraître dès la fin de février et se prolongea jusque vers la fin du mois d'avril. — En plusieurs lieux, on ne la vit qu'au commencement de mars ; elle égalait en grandeur la moitié de la lune : sa chevelure était assez courte, elle n'était point constante ; on y découvrait un mouvement semblable à celui de la flamme dans un incendie ou à celui d'un flambeau agité par le vent. — On l'a appelée la comète de Charles-Quint, parce qu'elle jeta une extrême frayeur, suivant plusieurs historiens, dans l'esprit de ce prince, qui crut y voir un signe éclatant de sa fin prochaine, car il s'écria en l'apercevant : *His ergo indiciis me mea fata vocant.* — « Voilà donc mes destinées qui m'appellent par ces indices. » — Ce fut à cette crainte, si l'on en croit les auteurs qui avancent ce fait, qu'il faudrait attribuer la détermination prise par l'empereur d'abdiquer en faveur de son frère Ferdinand, pour se retirer au monastère de Saint-Just. — Pingré fait remarquer avec raison que, si ce fait est vrai, on peut le mettre au rang des grands événements produits par de bien petites causes.

À la fin de l'année 1577, il apparut une comète qui fut l'objet de plusieurs écrits contre les rêveries astrologiques, alors en très grande vogue. De savants philosophes, entre autres Érasme, avaient déjà combattu, sur ce point, les astrologues et les cométomanciens[14] ; mais le préjugé n'en subsista pas moins ; les comètes furent maintenues dans le droit de présager les événements, et on attribua à celle de 1577 des prédictions de malheurs qui n'arrivèrent point, et qu'un poète avait sans doute voulu prophétiser dans les vers suivants :

> Que ne fais-tu profit, ô frénétique France !
> Des signes dont le ciel t'appelle repentance ?
> Peux-tu voir d'un œil sec ce feu prodigieux
> Qui nous rend, chaque soir, effroyables les cieux ?
> Cet astre chevelu, qui menace la terre
> De peste, guerre, faim, trois pointes du tonnerre,
> Qu'en sa plus grande fureur, Dieu foudroie sur nous ?

Pierre de l'Estoile n'a pas manqué d'en parler, mais en termes qui se ressentent de son judicieux esprit : « Le jeudi 7 novembre commença à paraître une comète vers le midi, dont la queue fort longue tirait vers l'Orient estival. Elle se levait avec la lune, peu après le soleil couché, et s'abaissait sous l'horizon

---

[14] Le sieur de la Rivière, adonné à l'astrologie, et qui fut depuis médecin de Henri IV, est l'auteur d'un opuscule aujourd'hui très rare, intitulé : *Discours sur la signification de la comète apparue en Occident au signe du Sagittaire*, le 10 novembre. Rennes, 1577, in-4.

sur les neuf ou dix heures du soir, et fut vue quarante jours. Ces fous d'astrologues disaient qu'elle présageait la mort d'une reine ou de quelque grande dame avec quelque remarquable et insigne malheur. Ce que ayant entendu, la reine mère entra incontinent en frayeur et appréhension que ce fût elle ; de quoi se moquant un docte courtisan, comme ne pouvant advenir un plus grand bien à la France, composa l'épigramme qui s'ensuit, qui fût semé et divulgué partout :

DE COMETA ANNI 1577 AD REGINAM MATREM

Spargeret audaces cùm tristis in æthere crines,
Venturique daret signa cometa mati,
Ecce suæ Regina timens malè conscia vitæ
Credidit invisum poscere fata caput.
Quid, Regina, times ? namque hæc mala si qua minatur,
Longa timenda tua est non tibi site brevis.

Dans le curieux recueil des *Histoires prodigieuses*, nous trouvons un chapitre intitulé *Discours sur la comète qui apparut au mois de novembre dernier, mil cinq cent septante sept*, avec une figure la représentant. Nous en donnons quelques passages. « Les comètes ont fait croire, à ceux qui ont voulu faire leur profit des choses passées, qu'elles servent d'avertissement que la divine clémence nous donne pour nous retirer de nos vices, à une pénitence et amendement de vie ; l'observation qui en a été faite nous ayant appris que maintes fois, après telles apparences, la terre aye été affligée en divers endroits de pestes, guerres, famines et plusieurs autres malheurs. Les choses qui font redoubler et aigrir davantage le soupçon que l'on doit avoir des malheurs qui suivent les comètes, sont les éclipses, lesquelles les astrologues disent servir de mères aux comètes... C'est la raison pour laquelle la comète qui nous est apparue l'an passé mil cinq cent septante sept, de laquelle nous avons baillé le portrait, à donné occasion à plusieurs personnes de penser que c'était un signe infaillible d'un très pernicieux événement, ayant suivi de si près l'éclipse advenue sur la fin du mois de septembre dernier, à savoir le vingt-septième jour, une heure et seize minutes après minuit, en laquelle la lune fut éclipsée… Sa naissance (celle de la comète) suivit de bien près la nouvelle lune, qui fut le neuvième jour du mois (novembre) ; depuis lequel temps se montra l'espace de soixante et huit ou dix jours, savoir est, jusqu'au dix-huitième de janvier ; non toutefois d'une même façon et grandeur, ni d'un marcher semblable. Car à sa première naissance son lustre rapportait du tout à celui d'un fin argent, éclatant de tous côtés comme l'or nouvellement bruni ; mais sa queue approchait quelque peu de la couleur d'un sang bien vermeil ; cette couleur peu après s'évanouit, se changeant en jaune pâle, comme celui de l'airain, entremêlé d'un teint blême, tel qu'est celui du plomb ; au vingt-huitième de novembre, on y aperçut de nouveau une autre queue sortant du même endroit dont sortait la première, toutefois beaucoup moindre ; de façon qu'étant ainsi étendue, représentait l'aile de quelque oiseau de proie, comme du faucon ou du milan, lorsqu'il se lance d'en haut sur l'oiseau qu'il poursuit. »

Dans un autre chapitre du même ouvrage, où il est encore question de cette comète nous lisons ces réflexions[15] : « Toutes et quantes fois qu'on a vu des éclipses de lune, comètes, tremblements de terre, convertissements d'eaux en sang, ou autres semblables prodiges, on a vu et expérimenté aussi peu

de temps après des épouvantables misères, afflictions et effusion de sang humain, massacres, morts de grands monarques, rois princes et seigneurs, séditions, trahisons, dégâts de terres, éversions d'empires, royaumes et villes, faim et cherté de vivres, brûlements et embrasements de villes, pestes, morts universelles, tant des bêtes que des hommes ; bref, toutes sortes de maux et malheurs dont l'homme se peut aviser. Or donc il ne faut rien douter que ces signes et prodiges ne nous signifient et avertissent que la fin de ce monde, et le terrible et dernier jugement de Dieu s'approche de nous. Car, combien que nous ne sachions point quand ce sera, ni l'an, ni le jour, ni l'heure, quand ce terrible jugement de Dieu sera, ainsi que lui-même le nous certifie en son saint

---

[15] Ce chapitre est intitulé : *Histoires prodigieuses de diverses figures, comètes, dragons, flambeaux, qui sont apparus au ciel avec la terreur du peuple, ou les causes et raisons d'icelles sont assignées.*

Évangile, c'est à savoir et croire qu'il s'approche de nous, selon que l'ont témoigné nos prédécesseurs, lesquels ayant obtenu de Dieu la grâce et don de prophétie par leur sainte vie, nous qui sommes leurs successeurs, nous ont averti que nous nous donnassions soigneusement de garde en ce temps-ci, auquel véritablement et sans doute aucun serait vérifié tout ce qu'on trouve écrit de la fin du inonde. »

Ceci témoigne de la pensée vivace qui existait à la fin du seizième siècle sur les appréhensions très répandues que la fin du monde approchait, ainsi que nous l'avons déjà constaté en traitant cette question.

XIII

L'ère de grandeur, qui commence pour la France avec le dix-septième siècle, ne fut pas exempte des superstitions traditionnelles à l'égard des comètes, si l'on en juge par les efforts constants et réitérés de savants et de philosophes pour extirper ce vieux préjugé de l'imagination des peuples.[16] — À mesure que la science astronomique entrait dans la voie des découvertes et du progrès, des hommes d'un profond jugement et d'un grand mérite cherchèrent à combattre, par le raisonnement et la logique, les vaines terreurs que les comètes avaient inspirées dans les siècles précédents. — Des poètes même s'élevèrent contre cette superstition, et Christophe de Gamon s'écriait[17] :

C'est se rendre complice à l'erreur monstrueux
De donner du présage à l'astre aux longs cheveux,
Plus encore de penser que son crin porte-flammes
Par son branle incertain doive ébranler les âmes,
Causer perte aux pasteurs, porter la grêle aux blés,

---

[16] En 1596, il parut un traité des comètes du sieur Jean-Bernard Longus, philosophe et médecin, où sont réfutés les abus et témérités des vains astrologues qui prédirent ordinairement malheurs à l'apparition d'icelles, traduit par Charles Nepveu, chirurgien du roi.

[17] *La Semaine ou la Création de monde contre celle du sieur du Bartas.* Lyon, 1609. In-12.

L'orage à la marine et le trouble aux cités,
Puis où voit-on que Dieu nous ait prescrit cet astre
Pour prédire aux humains quelque inhumain désastre ?
Veut-il que nous lisions dans les airs agités,
Non dans les saints feuillets, ses saintes volontés ?
Combien voit-on de fois que le Tout-Puissant jette
Les comètes sans maux et les maux sans comète !

Mais tous les savants ne furent pas unanimes dans cette sage opinion, et l'on verra qu'il y en eut encore qui persistèrent dans les idées d'erreur et de crédulité de l'astrologie judiciaire — Toutefois cette ténacité aux vieux principes dut s'effacer peu à peu dans le monde instruit, et, si elle n'est pas encore complètement morte, c'est qu'il y a des classes de la société où la lumière n'a pu pénétrer avec assez d'intensité pour leur faire voir que le fantôme qu'on appelle la superstition n'existe que dans leur esprit. L'éducation publique sera certainement le flambeau qui éclairera les yeux des masses, et alors les derniers vestiges païens, dont elles sont généralement imbues, tomberont pour faire place à la véritable foi religieuse.

Mais revenons aux comètes, dont cette digression nous a éloignés.

En 1607, au mois de septembre, il parut une prodigieuse comète pendant plusieurs jours. « Elle a, dit Pierre de l'Estoile, une queue fort longue et large, qui s'étend du côté opposé au soleil ; son mouvement est fort vite. Les philosophes et les astrologues ne perdront pas cette occasion pour débiter leurs réflexions, leurs divinations et leurs chimères, et de présager, les uns quelque grand bonheur, et les autres quelque grand malheur. »

En 1652, depuis le 18 décembre jusqu'aux premiers jours de janvier 1653, il en fut observé une qui était de couleur pâle et livide, et égalait la lune en grandeur. Le célèbre Cassini en a laissé un traité dédié au duc de Modène. Jean Tackius, médecin à Darmstadt, crut qu'elle était surnaturelle et qu'elle pronostiquait les plus grands malheurs ; il exposa son opinion et sa frayeur dans un écrit qu'il intitula *Cœli anomalon*, c'est-à-dire le Dérèglement des cieux.

Une comète, apparue à la fin de 1664 et au commencement de 1665, fit une grande sensation, et c'est à son sujet que Pierre Petit, sur l'ordre de Louis XIV, publia sa *Dissertation sur la nature des comètes*. Il s'éleva avec vigueur contre les craintes chimériques qu'elle avait inspirées, et nous le laissons parler. « Je m'étonne comme il s'est trouvé des personnes si peu raisonnables que de cultiver de siècle en siècle cette extravagance sans rougir de honte ; car, si le papier, qui souffre tout, comme on dit, avait du sentiment, je crois qu'il refuserait l'écriture de toutes ces sottises que les hommes pourtant veulent bien lire et, qui pis est, les croire. Il faut donc continuer à combattre cette hydre à plusieurs testes et ce fantôme renaissant... » — En discutant la valeur de l'influence attribuée aux comètes, ce savant disait : « Mais quoi ! toutes ces choses sinistres qui sont arrivées après les comètes n'arrivent-elles pas devant ? Et n'arriveraient-elles pas sans elles ? N'y en a-t-il pas un plus grand nombre et de plus extraordinaires qui n'ont point été précédées par aucunes comètes ? Combien de papes, d'empereurs, de rois, de princes, de cardinaux, massacrés, tués, empoisonnés, exécutés ou morts subitement ! Combien de tremblements de terre, de tempêtes et débordements de mer ; combien de guerres, de pestes, de famines, de bouleversements de peuples, de révolutions d'États sans aucunes comètes ! Et parce qu'on ne peut pas tourner la médaille et renverser la proposition en montrant qu'il n'y a point de comètes sans tous ces malheurs, s'ensuit-il pour cela qu'elles en soient les causes ou les signes ? Non certes, et c'est mal raisonner. »

Cette comète et une autre qui lui succéda aussitôt après, au mois d'avril 1665, occasionnèrent un nombre infini d'écrits, de dissertations, de conférences, d'éphémérides, de systèmes. — Quelques auteurs prétendirent qu'elles étaient surnaturelles ; d'autres, qu'elles annonçaient toutes sortes de malheurs. — Le P. Luyt, prédicateur du roi, publia un écrit intitulé : *Questions curieuses sur la comète de* 1664. Nous avons eu en main un exemplaire de ce livre, où un mauvais plaisant s'était amusé à inscrire ces vers :

Cette comète à rouge queue

> Que depuis un peu l'on a vue
> Luire ardente dessus Paris,
> Ne présage nulle infortune ;
> Si donc ce n'est la commune
> Que redoutent tant les maris.

On rapporte qu'Alphonse VI, roi de Portugal, que ses extravagances firent déposer en 1667, vociféra publiquement des injures contre cette comète, et lui tira un coup de pistolet, parce qu'il croyait, disent les historiens portugais, qu'elle présageait la mort des rois ou des révolutions dans leurs États. — Les astrologues avaient rêvé qu'elle menaçait l'univers des plus affreux désastres, et ils avaient fait part au public de leurs appréhensions ridicules. C'est ce qui explique pourquoi Louis XIV prit personnellement le soin de les faire démentir et de démontrer toute l'absurdité de leurs folles doctrines.

XIV

Dans le mois de novembre 1680, il apparut une comète d'une grandeur énorme qui, « s'étant élancée, dit Lemonnier, avec la plus grande rapidité du fond des cieux, parut tomber perpendiculairement sur le soleil, d'où on la vit presque aussitôt remonter avec une vitesse pareille à celle qu'on lui avait reconnue en tombant. On l'aperçut pendant quatre mois » — Suivant Pingré, elle approcha fort près de la terre, et on ne s'aperçut cependant d'aucun dérangement dans le système solaire. — Bernoulli, savant astronome d'ailleurs, dans son ouvrage de *Systema Cometarum*, dit, à propos de celle-ci, « *que si le corps de la comète n'est pas un signe visible de la colère de Dieu, la queue pourrait bien en être un.* » — C'est à cette comète que Whiston attribuait le déluge, en se fondant sur des calculs mathématiques aussi abstraits que peu fondés dans leur point de départ.

Cassini, Newton, Halley, firent des observations très détaillées sur la comète de 1680, et les principes posés par ces hommes de génie sont devenus la base, pour ainsi dire fondamentale, de toutes les études ultérieures auxquelles les comètes ont donné lieu.

Puisque nous venons de prononcer le nom de Newton, rappelons en passant que ce savant a calculé qu'une comète heurtera si violemment notre soleil en l'an 2255, qu'il n'y a plus aucune espérance qu'il soit encore en état d'éclairer les habitants de notre monde, après cet accident. — C'est là une assertion qui ne peut être pour nous du moindre intérêt. — « Mais il faut, dit judicieusement Corneille de Pauw, que ce soit un grand plaisir de prédire des malheurs, puisque le plus sage des philosophes n'a pu renoncer au penchant de prophétiser et d'annoncer l'instant de la combustion de l'univers. »

Bayle, ce grand critique philosophe qu'une exagération regrettable a malheureusement entraîné trop loin dans les questions religieuses, s'occupa aussi de cette comète, et lui-même nous apprend comment il dut prendre la plume sur ce sujet[18] : « Comme j'étais professeur de philosophie à Sedan, dit-il, lorsqu'il partit une comète au mois de décembre 1680, je me trouvais incessamment exposé aux questions de plusieurs personnes curieuses ou alarmées. Je rassurais autant qu'il m'était possible ceux qui s'inquiétaient de ce prétendu mauvais présage ; mais je ne gagnais que peu de chose par les raisonnements philosophiques ; on me répondait toujours que Dieu montre ces grands phénomènes afin de donner le temps aux pécheurs de prévenir, par leur pénitence, les maux qui leur pendent sur la tète. Je crus donc qu'il serait inutile de raisonner davantage, à moins que je n'employasse un argument qui fit voir que les attributs de Dieu ne permettent pas qu'il destine les comètes à un tel effet. »

C'est donc sur les maximes de la philosophie la plus avancée que Bayle s'est appuyé pour démontrer la fausseté de la croyance ridicule touchant les comètes. — Sans adopter les principes qu'il met en avant, sous prétexte de combattre les préjugés à cet égard, et qu'une sincère orthodoxie ne permet pas

---

[18] *Pensées diverses écrites à un docteur de Sorbonne, a l'occasion de la comète qui parut au mois de décembre* 1680. Rotterdam, 1652.

toujours de reconnaître comme fondés, — il faut avouer qu'il raisonne très sagement et fait valoir des arguments irrésistibles contre cette superstition.

Il établit que la persuasion générale des peuples n'est d'aucun poids pour prouver les influences des comètes, montra la futilité et la fausseté de plusieurs opinions émises à cet égard ; prouva avec la sagacité la plus remarquable et le talent le plus élevé « qu'une erreur devient très facilement générale et obtient sans peine les plus nombreux suffrages par la négligence des hommes à consulter la raison, quand ils ajoutent foi à ce qu'ils entendent dire à d'autres, et par le peu de profit qu'ils font des occasions qui leur sont offertes de se détromper. » — Bayle soutenait, en outre, que l'opinion qui fait regarder les comètes comme des présages de calamités publiques est une vieille superstition des païens, un reste des absurdes prestiges dont se servait l'ancien sacerdoce pour fasciner les esprits ; il démontra, avec la force de logique qui lui est familière, que si une pareille extravagance a survécu aux croyances qui l'avaient fait naître, on ne peut l'attribuer qu'à une prévention irréfléchie pour les opinions de l'antiquité, quelles qu'elles soient, et peut-être aussi à la passion qu'eurent de tous temps des personnages, que Bayle nomme des politiques et des panégyristes, à fomenter la superstition des présages.

Cet écrivain ne fut pas seul à combattre les vieux préjugés populaires ; Fontenelle, tout jeune homme encore, s'y associa, en s'adressant à la société frivole ; il fit représenter une comédie sous le titre de *La Comète*,[19] et cette pièce, où l'esprit satirique du futur philosophe se moque des folles croyances du vulgaire, ne serait pas déplacée aujourd'hui sur une de nos scènes modernes.

Madame de Sévigné, elle aussi, prit fait et cause contre les terreurs qu'inspirait l'astre flamboyant. Dans une lettre au comte de Bussy, datée du 2 janvier 1684, elle disait : « Nous avons ici une comète qui est bien étendue ; c'est la plus belle queue qu'il est possible de voir. Tous les grands personnages sont alarmés et croient que le ciel, bien occupé de leur perte, leur donne des

---

[19] Cette pièce fut jouée sous le nom de Donneau de Visé. On la trouve dans les *Œuvres de Fontenelle*, t. I, édit. de 1766.

avertissements par cette comète. On dit que, le cardinal Mazarin étant désespéré des médecins, ses courtisans crurent qu'il fallait honorer son agonie d'un prodige, et lui dirent qu'il paraissait une grande comète qui leur faisait peur. Il eut la force de se moquer d'eux, et leur dit plaisamment que la comète lui faisait trop d'Honneur. En vérité, on devrait en dire autant que lui, et l'orgueil humain se fait aussi trop d'honneur de croire qu'il y ait de grandes affaires dans les astres quand on doit mourir. »

XV

Le dix-huitième siècle fut très fécond en comètes, mais elles n'offrent plus guère qu'un intérêt purement scientifique ; cependant il s'y rattache quelques faits dignes d'être cités, pour montrer que les craintes qu'excitaient ces astres étaient encore demeurées vivaces dans l'imagination du peuple.

La comète qui apparut au mois de mars 1742, la onzième depuis le commencement du siècle, excita vivement l'attention publique, bien que les papiers contemporains nous apprennent que, « malgré tout le bruit qu'on eu faisait, elle était une des plus chétives qui aient jamais paru. » Elle ne paraissait à la vue que comme une étoile de troisième ou quatrième grandeur, et traînait une queue longue seulement de quatre à cinq degrés.

M. de Maupertuis fit imprimer une lettre à l'occasion de cette comète, où il disait : « Ces astres, après avoir été si longtemps la terreur du monde, sont tombés tout à coup dans un tel discrédit, qu'on ne les croit plus capables de causer que des rhumes. On n'est pas d'humeur à croire aujourd'hui que des corps aussi éloignés que les comètes puissent avoir des influences sur les choses d'ici-bas, ni qu'elles soient des signes de ce qui doit arriver. » — Effectivement les craintes qu'avaient inspirées les comètes commençaient un peu à se dissiper parmi les classes éclairées, et elles n'étaient plus, à vrai dire, que dans l'imagination des gens ignorants. N'était-ce pas encore, par conséquent, le plus grand nombre ?

Un auteur espagnol de ce temps, dont on ne peut suspecter l'orthodoxie, puisqu'il était abbé du couvent des Bénédictins d'Oviedo,[20] fait une vive critique de cette superstition ; il examine avec une certaine hilarité « si les comètes font réellement beaucoup de mal à notre petite terre. Il prétend d'abord que nous occupons trop peu de place dans le monde pour qu'une comète daigne s'intéresser à nos affaires. Il remarque qu'il n'est pas nécessaire, pour nous rendre malheureux dans cette triste vallée de larmes, que Dieu prenne la peine de nous envoyer des comètes ; que nous avons assez de nos infirmités naturelles, et qu'en prenant le temps comme il vient, bon an, mal an, nous avons plus de mal que de bien. Il examine ensuite s'il est vrai qu'il soit mort plus de rois dans les années à comètes, et il prouve très bien que les rois, comme les bergers, meurent dans tous, les temps. »

Tout cela n'empêcha pas cependant, en 1773, une terreur panique de se produire en France, et à Paris même, à propos de ce fameux mot de comète. Nous avons dit qu'on alla jusqu'à craindre la fin du monde, et cela sur la simple annonce d'un mémoire scientifique de Lalande.

Le fait est trop curieux pour ne pas s'y arrêter, et nous donnons, d'après les *Mémoires secrets* de Bachaumont, les diverses phases de cet événement, aussi burlesque qu'incroyable.

« 6 mai 1773. — Dans la dernière assemblée publique de l'Académie des sciences, M. de Lalande devait lire un mémoire beaucoup plus curieux que ceux qui ont été lus ; ce qu'il n'a pu faire par défaut de temps. Il roulait sur les comètes qui peuvent, en s'approchant de la terre, y causer des révolutions, et surtout sur la plus prochaine, dont on attend le retour et qui doit reparaître dans dix-huit ans. Mais, quoiqu'il ait dit qu'elle n'est pas du nombre de celles qui peuvent nuire à la terre, et qu'il ait d'ailleurs observé qu'on ne saurait fixer l'époque de ces événements, il en a résulté une inquiétude qui s'est répandue de proche en proche, et qui, accréditée par l'ignorance, a donné lieu à beaucoup de fables débitées à ce sujet. Les têtes de nos petites-maîtresses se

---

[20] *Teatro critico sopra los errores communes,* etc., par Feyjoo. Madrid, 1738-1746. 16 vol. in-8°.

sont exaltées, et l'on a beaucoup de peine à calmer ces imaginations effrayées. Pour rendre la tranquillité aux peureux, on doit mettre demain, dans la *Gazette de France*, une annonce modérée du mémoire en question. »

Cette annonce était ainsi conçue : « Le sieur de Lalande n'eut pas le temps de lire un mémoire sur les comètes qui peuvent, en s'approchant de la terre, y causer des révolutions ; mais il observe qu'on ne saurait fixer l'époque de ces événements. La comète la plus prochaine dont on attende le retour est celle qui doit paraître dans dix-huit ans ; mais elle n'est pas du nombre de celles qui peuvent nuire à la terre »

« 9 mai. — Le cabinet de M. de Lalande ne désemplit pas de curieux qui vont l'interroger sur le mémoire en question, et sans doute, il lui donnera une publicité nécessaire, afin de raffermir les têtes ébranlées par les fables qu'on a débitées à ce sujet. La fermentation a été telle, que des dévots, aussi ignares qu'imbéciles, sollicitaient M. l'archevêque de faire des prières de quarante heures pour détourner l'énorme déluge dont on était menacé, et ce prélat était à la veille d'ordonner ces prières, si des académiciens ne lui eussent fait sentir le ridicule de sa démarche. Le faux énoncé de la *Gazette de France* a produit un mauvais effet, en ce qu'il a fait présumer que le mémoire de l'astronome devait contenir des vérités terribles, puisqu'on les déguisait aussi évidemment. »

« 13 mai. — M. de Lalande, ne pouvant satisfaire aux questions sans fin que lui suscite son fatal mémoire, et voulant d'ailleurs prévenir les malheurs réels qu'il occasionne dans plusieurs têtes faibles et qui en ont tourné, va prendre le parti de le faire imprimer et de le rendre aussi clair qu'il sera possible pour l'intelligence de toutes sortes de lecteurs. Il paraît qu'en général ses confrères n'en font pas grand cas, ne regardent ses spéculations que comme un bavardage, et le trouvent en contradiction avec ce qu'il a écrit, il y a peu d'années, sur la même matière. M. de Lalande est un homme curieux de faire du bruit, et qui, prenant cela pour de la gloire, est peu délicat sur les moyens d'y parvenir. Il est connu pour un intrigant du premier ordre, pour un homme bas et vil. »

« 14 mai. — Le mémoire de M. de Lalande paraît. Il roule purement sur des hypothèses. Suivant lui, des soixante comètes connues, huit pourraient, en approchant trop près de la terre, par exemple à treize mille lieues, occasionner une pression telle que la mer sortirait de son lit et couvrirait une partie du globe. Mais d'abord la comète dont il attend le plus tôt le retour ne doit paraître qu'en 1789 ou 90, ce qui n'annonce pas une certitude bien précise dans son calcul. »

Voltaire, qui ne laissait pas échapper la moindre occasion de tourner en raillerie toute doctrine scientifique qui ne découlait pas de la philosophie systématique qu'il préconisait, ne manqua pas, du fond de sa retraite, de prendre la plume. C'était là une trop belle circonstance, et il publia une longue lettre, dont voici quelques passages :

« Quelques Parisiens, qui ne sont pas philosophes, et qui, si on les en croit, n'auront pas le temps de le devenir, m'ont mandé que la fin du monde approchait, et que ce serait infailliblement pour le 20 du mois de mai où nous sommes. Ils attendent, ce jour-là, une comète qui doit prendre notre petit globe revers et le réduire en poudre impalpable, selon une certaine prédiction de l'Académie des sciences, qui n'a point été faite. Bien n'est plus probable que cet événement ; car Jacques Bernouilli, dans son *Traité de la comète*, prédit expressément que la fameuse comète de 1680 reviendrait avec un terrible fracas, le 47 mai 1719. Si Jacques Bernouilli se trompa, ce ne peut être que de cinquante-quatre ans et trois jours.

« Or, une erreur aussi peu considérable étant regardée comme nulle dans l'immensité des siècles, par tous les géomètres, il est clair que rien n'est plus raisonnable que d'espérer la fin du monde pour le 20 du présent mois de mai 1773, ou dans quelque autre année. Si la chose n'arrive pas, ce qui est différé n'est pas perdu. »

« Une comète peut à toute force rencontrer notre globe, dans la parabole qu'elle peut parcourir ; mais alors qu'arriverait-il ? Ou cette comète aura une force égale à celle de la terre, ou plus grande, ou plus petite. Si égale, nous lui ferons autant de mal qu'elle nous en fera, la réaction étant égale à l'action ; si plus grande, elle nous entraînera avec elle ; si plus petite, nous l'entraînerons. »

« Ce grand événement peut s'arranger de mille manières, et personne ne peut affirmer que la terre et les autres planètes n'aient pas éprouvé plus d'une révolution, par l'embarras d'une comète rencontrée dans leur chemin. »

« Le grand Newton nous a donné de plus fortes alarmes que M. Trissotin, car il a prétendu que la comète de 1680, s'étant approchée du soleil à la distance d'un demi-diamètre de cet astre, dut acquérir une chaleur deux mille fois plus forte que celle du fer embrasé ; M. Lemonnier dit trois mille. Mais supposons que cette comète eût été de fer, pourquoi aurait-elle acquis, à cent cinquante mille lieues du soleil, une chaleur deux ou trois mille fois plus forte que le fer ne peut en acquérir dans nos forges ? Les solides, comme les fluides, ont chacun leur dernier degré de chaleur qui ne peut augmenter. L'eau bouillante ne peut jamais s'échauffer davantage, l'huile de même, les métaux de même. Le fer, le cuivre, qui coulent dans nos forges en fleuves de feu, ne s'embrasent jamais plus que leur nature ne comporte. Le feu d'une forge est le même que celui du soleil. Cet astre, étant plus grand, embrasera les corps plus vite ; mais il ne les embrasera pas avec une plus grande intensité que celle qu'ils peuvent souffrir.

« Newton, dans son calcul, a supposé que l'embrasement du fer pourrait augmenter, et a calculé suivant cette hypothèse. Mais comment un corps, quel qu'il soit, passant rapidement à cent cinquante mille lieues du soleil, peut-il s'embraser deux mille fois plus que le fer qui est pénétré de feu dans une fournaise ardente, et qui est parvenu à son dernier degré de chaleur ? Il semble que Newton pouvait réserver cette aventure de l'inflammation pour son *Commentaire de l'Apocalypse.* »

« Quant au retour des mêmes comètes, c'est une opinion très raisonnable ; mais elle n'est pas démontrée. Elle est si peu démontrée, qu'excepté M. Clairaut, tous ceux qui ont prédit leur apparition ont été pris pour dupes. Il est beau, sans doute, d'en savoir assez pour se tromper ainsi ; mais attendons encore quelques milliers de siècles pour avoir la démonstration. Nous sommes parvenus lentement à connaître quelque chose de la nature ; la postérité achèvera le reste lentement. »

Dans une autre lettre au chevalier Hamilton, Voltaire revenait encore sur ce sujet :

« Tout Paris, en dernier lieu, était en alarme : il s'était persuadé qu'une comète viendrait dissoudre notre globe le 20 ou le 21 de mai. Dans cette attente de la fin du monde, on manda que les dames de la cour et les dames de la halle allaient à confesse ; ce qui est, comme vous savez, un secret infaillible pour détourner les comètes de leur chemin. Des gens, qui n'étaient pas astronomes, prédirent autrefois la fin du monde pour la génération où ils vivaient. Est-ce par pitié ou par colère que cette catastrophe a été différée ? *To be, or not to be ; that is the question.* »

Hoffman, dans l'article qu'il écrivit à propos de la fin du monde. en 1816, et dont nous avons rapporté quelques passages, s'est amusé aux dépens de cette théorie scientifique du choc d'une comète avec la terre ; voici de quelle manière il en raillait spirituellement les causes et les effets :

« Un grand géomètre, qui a exposé le système du monde d'une manière parfaite, et dont l'ouvrage fait *loi*, a bien voulu nous rassurer un peu sur les inciviles comètes de Lalande ; mais il s'en faut bien qu'il ait banni tout motif de crainte. On peut en juger par le passage que je vais transcrire littéralement. « La petite probabilité d'une pareille rencontre peut, en s'accumulant pendant une longue suite de siècles, devenir *très grande*. » Or il y a bien des siècles qu'une comète n'a heurté notre globe. Reprenons. « Il est facile de se représenter les effets de ce choc sur la terre. L'axe et le mouvement de rotation changés, les mers abandonneront leu ancienne position pour se précipiter vers le nouvel équateur ; une grande partie des hommes et des animaux noyée dans ce déluge universel ou détruite, par la violente secousse imprimée au globe terrestre ; les espèces entières anéanties ; tous les monuments de l'industrie humaine renversés : tels sont les désastres que le choc d'une comète a dû produire. On voit alors pourquoi l'Océan a recouvert de hautes montages, sur lesquelles il a laissé des marques incontestables de son séjour ; on voit comment les animaux et les plantes du Midi ont pu exister dans les climats du Nord, où l'on trouve leurs dépouilles et leurs empreintes. Enfin, on explique la nouveauté du monde moral, dont les monuments ne remontent guère au delà de trois mille ans. L'espèce humaine, réduite à un petit nombre d'individus et à l'état le plus déplorable, uniquement occupée, pendant très longtemps, du soin de se conserver, a dû perdre entièrement le souvenir des sciences et des arts, et, quand les progrès de la civilisation en ont fait sentir de nouveau les besoins, il a fallu tout recommencer comme si les hommes eussent été placés nouvellement sur la terre. *Ab actu ad posse valet consecutio.* Je n'ose traduire ces mots en français ; et, comme il y a fort longtemps que cette catastrophe est arrivée, comme la probabilité de ce désastre s'accroit avec le temps, ainsi que l'a dit notre grand géomètre, il me semble qu'il est prudent pour nous de mettre ordre à nos affaires ; car, dans trois ou quatre mille ans, au plus tard, nous verrons une nouvelle représentation de cette grande tragédie. Remarquons cependant que nous ne mourrons pas tous ; nous serons seulement réduits à un petit nombre d'individus. Je serai, j'espère, du nombre des restants ; mes lecteurs en seront aussi, à l'exception de ceux qui critiqueront cet article. »

XVI

Depuis une cinquantaine d'années, il a été découvert une assez grande quantité de comètes, plus ou moins importantes, — mais, ces astres n'ont eu d'autre rôle que de fournir aux astronomes des occasions d'études ; — il les ont observées d'une manière précise, ils en ont décrit la marche et le mouvement dans des théories d'une exactitude mathématique, lesquelles seront d'un grand secours pour les savants qui viendront dans la suite des temps, et peut-être que ceux-ci, plus heureux que leurs devanciers, parviendront enfin à déterminer le système des comètes, comme l'a été celui des planètes. C'est là une question d'avenir que l'astronomie, aujourd'hui si avancée, est appelée à résoudre.

Nous ne sommes pas encore arrivés aux dernières limites des connaissances humaines, et il est réservé aux siècles futurs leur part de gloire dans le domaine déjà si immense des découvertes. Chaque époque y apporte son contingent, et le génie de l'homme, véritable mouvement perpétuel, a encore de grandes difficultés à vaincre, d'énormes obstacles à franchir ; pour atteindre à l'apogée que Dieu lui a marqué.

TABLE DES MATIÈRES